贵州省科技计划项目［黔科合基础-ZK（2023）一般032］支持
贵州省大中小学劳动教育实践（实训）基地建设项目“台江县施洞镇旧州村产学研展销实践基地”阶段性成果

农业产业生态评价

Ecological Assessment for Agricultural Industry

梁龙◎著

中国農業大學出版社
China Agricultural University Press
·北京·

内 容 简 介

本书选择中国农业生产中一些典型区域的典型生产模式和农业工程，采用多元或单一指标进行评价，希望在农业产业高效优质、绿色低碳发展中为实现经济、生态和社会效益共赢提供参考和借鉴。第 1 章对产业生态化和生态产业化进行了概述。第 2 到第 6 章分别选择贵州粮食、河北及山东设施种养、京冀稻改旱以及北京都市农业进行多指标评价，证实农业进行多视角、多维度综合评价的必要性和可行性。第 7 到第 9 章围绕粮经作物生态发展，聚焦“双碳”目标，通过减源增汇，实现生态发展、创建净碳汇的可能性。

图书在版编目(CIP)数据

农业产业生态评价 / 梁龙著. --北京：中国农业大学出版社，2024.4
ISBN 978-7-5655-3132-3

Ⅰ.①农…　Ⅱ.①梁…　Ⅲ.①农业-生态学　Ⅳ.①S181

中国国家版本馆 CIP 数据核字(2024)第 012680 号

书　　名　农业产业生态评价
作　　者　梁龙　著

策划编辑　梁爱荣　　**责任编辑**　梁爱荣
封面设计　李尘工作室
出版发行　中国农业大学出版社
社　　址　北京市海淀区圆明园西路 2 号　　**邮政编码**　100193
电　　话　发行部 010-62733489，1190　　读者服务部 010-62732336
　　　　　　编辑部 010-62732617，2618　　出　版　部 010-62733440
网　　址　http://www.caupress.cn　　**E-mail**　cbsszs@cau.edu.cn
经　　销　新华书店
印　　刷　河北虎彩印刷有限公司
版　　次　2024 年 4 月第 1 版　　2024 年 4 月第 1 次印刷
规　　格　170 mm×228 mm　　16 开本　　12 印张　　222 千字
定　　价　50.00 元

前　言

改革开放以来，我国经济社会实现了快速发展，经济体量位居世界第二。随着现代科技的不断升级，第四次工业革命深入推进，工业生产以及个人生活所需的能源消耗不断增加，在全球化不断深入推进的背景下，人类经济和社会得到了发展的同时，也出现了一系列的生态环境问题，给人类生活可持续发展的未来带来挑战。经济的快速发展以自然资源的快速消耗和环境破坏为代价，人们通过向自然生态系统过度地攫取来实现经济社会的发展。这种粗放型的发展方式忽视了对自然生态环境的保护，对地区生态系统造成的破坏是不可逆的，给我们赖以生存的生态环境带来破坏，其发展不具有可持续性。

党的十八大以来，党中央高度重视生态文明建设和绿色发展，着力解决突出的环境问题。为推进生态文明建设，2017 年，习近平总书记在党的十九大报告中指出：要增强我国经济质量上的优势，深化供给侧改革，坚持人与自然和谐共生，树立绿色发展的科学理念；2018 年习近平总书记在全国生态环境保护大会中明确提出：要加快建设以产业生态化和生态产业化为核心的生态经济系统。在 2021 年党的十九届六中全会中提出：必须坚持绿水青山就是金山银山的发展理念，更加自觉地推动绿色发展、循环发展、低碳发展的生态文明发展之路。2022 年，党的二十大报告指出：中国式现代化是人与自然和谐共生的现代化。人与自然是生命共同体，无止境地向自然索取甚至破坏自然必然会遭到大自然的报复。我们坚持可持续发展，坚持节约优先、保护优先、自然恢复为主的方针，像保护眼睛一样保护自然和生态环境，坚定不移走生产发展、生活富裕、生态良好的文明发展道路，实现中华民族永续发展。并再次强调建设现代化产业体系，推动产业绿色化发展，推进发展方式绿色转型，统筹产业结构调整、污染防治、生态保护、应对气候变化，推进生态优先、节约集约、绿色低碳发展。“十三五”至今，我国生态文明建设已取得了丰硕成果，习近平生态文明思想逐渐深入人心，人们对生态文明建设的认识不断加深。在实施绿色发展理念方面取得重要进展，忽视生态环境保护的情况有了较大变化。展望未来，我国正处于解决生态环境问题的关键时期，继续加强污染防治和生态保护与恢复，才能更好推动我国经济社会的协调发展和生态文明建设。因此，改变不可持续的粗放型产业发展模式，推动“产业生态化和生态产业化”发展显得尤为重要。

产业生态化是指遵循自然生态机理，以自然生态系统的承载能力为准绳，对区域内产业系统、自然系统和社会系统进行统筹优化，通过改进生产方式、优化产业结构、转变消费方式等途径，加快推动绿色低碳发展，全面提高资源利用效率，促进人与自然和谐共生。生态产业化是指按照产业化规律推动生态建设，按照社会化大生产、市场化经营的方式提供生态产品和服务，推动生态要素向生产要素、生态财富向物质财富转变，促进生态与经济良性循环发展。其实质是针对独特的资源禀赋和生态环境条件，通过建立生态建设与经济发展之间良性循环的机制，实现生态资源的保值增值，把绿水青山变成金山银山。乡村振兴仍是我国“十四五”期间的重点工作，在乡村振兴过程中，生态保护与产业发展是密不可分的，没有生态资源作为依托，产业发展就是无源之水；没有产业发展作为支撑，生态保护也难以持久。所以，推进乡村振兴就必须要把产业发展和乡村环境的改善统筹在一起考虑，实现生态与产业的融合发展。

本书是从生态学视角对我国典型地区农业产业和农业工程进行生态评价，以弥补传统农业过度偏重经济效益的不足，有益于政府决策部门以及其他利益相关者做出相应决策，在推进产业生态化和生态产业化过程中，实现农业产业向绿色、低碳、高质量发展转型，为实现国家“碳达峰、碳中和”双碳目标，建设生态文明略尽绵薄之力。

著　者

2023 年 10 月

目　录

第 1 章　产业生态化与生态产业化研究综述

1.1　引言

在 2018 年 5 月召开的全国生态环境保护大会上，习近平总书记指出：我国生态文明建设正处于负重前行的关键期，为加快推进生态文明建设，要建立健全“以产业生态化和生态产业化为主体的生态经济体系”。这一论断对加强生态环境保护和促进经济社会协调发展具有重大意义。早在 1999 年，习近平在南平市调研时就曾指出，不要搞单打一，要搞生态，就不搞产业，产业还是要搞，产业不搞生态也难以为继。可见，在生态文明建设中生态与产业的发展密不可分，没有丰富的资源和良好的生态环境，产业发展就会成为“无源之水”，没有产业发展作为支撑，生态文明建设也就失去了活力和动力。从生态到产业再到生态这一循环说明的并不是简单的生态与产业两者之间的关系，而是生态环境、产业经济、生态文明三者的关系，是经济、社会、环境的三维空间（成华光，2020）。良好的生态环境要追求一定的产业经济，所有的产业经济要符合生态文明的要求，“生态产业化和产业生态化”则既要发展产业，又要重视生态。生态产业化是将山水林田湖草沙等生态资源作为特殊资产，通过生态资源资本化，按照社会化大生产、市场化经营的方式来提供生态产品和生态服务，生态产业化必须在尊重生态的前提下进行发展。产业生态化是要求经营主体按照“绿色、循环、低碳”的产业发展要求，把产业活动纳入生态循环体系，保证生产活动对自然环境的影响和自然资源的消耗始终处在生态系统物质能量守恒的规则之中（张波等，2021）。过去产业的发展常常是以牺牲环境和生态为代价的，生态危机频发是对人类不知节制地开采与破坏发出的警告，建设资源节约、环境友好的绿色发展体系，推进生态产业化和产业生态化，实现绿色循环低碳发展，是保证人类可持续发展的前提（刘磊，2018）。

1.2 产业生态化和生态产业化研究现状

1.2.1 产业生态化

学术界对于产业生态化的研究时间较早，系统性也较强，产业生态化是可持续发展、生态文明的理念在产业发展战略里的具体体现。研究人员从不同的角度出发对其进行研究，基于不同的研究视角，国内外的侧重点有所不同。

产业生态理论于1980年由美国学者首先提出，之后国外许多学者进行研究。Jelinski等（1992）认为，产业生态指一个相互之间消费其他企业废弃物的生态系统和网络。在这个网络中，通过消费废弃物而能够给系统提供可用的能量和有用的材料。Ernest和Lowe（1993）认为，产业生态是一个自然与区域经济系统及当地的生物圈密切联系的服务系统。产业生态理论最核心的观点是以经济、文化和技术的发展为前提，积极促进环境负荷的评估及环境负荷最低化，并强调产业与环境间的相互作用。

Taddeo（2021）对产业生态和创新进行了系统概述。他认为，从20世纪80年代开始，经济可行性的概念就经历了一个缓慢、持续的变化，即产品的经济性价比也逐步从多样化的数量满足向质量提升转变；但优质生产不再只是满足最大数量消费者大众化需求，还必须遵循国际标准化组织（ISO）制定的标准以满足消费者内在需求，产业的竞争已经从数量转向质量。从90年代开始，随着环境变量的引入，企业、社会组织和管理系统的发展策略从单纯追求竞争更多地转向可持续发展。随着生态效率概念的引进，高附加值产品生产和环境资源消耗之间的关系受到更多关注，企业通过创新能够实现经济和环境可持续发展共赢，这就是所谓“生态创新”。生态创新和其他创新一样，既能实现经济目标，又能减少对环境的影响，即所谓生态系统应对环境压力的韧性，让自然资源发挥更高的效率。因此，生态创新的主要目的就是让产品和服务创造更多的附加值，同时减少对自然资源的消耗，减少各种污染的同时优化生产和加工，即拥有更高的生态效率。因此，Taddeo等（2017）认为，生态效率和生态创新的逻辑联系非常清晰，前者表述的是商业运行的竞争力和可持续性，后者是生产经营主体在追求其效益目标中实施的技术经济和环境评估的结果。基于提高生态效率的生态创新包括纯技术层面（例如清洁生产技术）、产业层面以及组织管理层面等。

国内对产业生态化的研究侧重点也有所不同。在概念界定上，国内学者认为产业生态化是坚持生态优先的发展原则，从产业对生态环境的影响角度出发，遵循绿色、低碳和可持续发展的理念，让产业的发展符合生态环境保护的要求。通过构建产业生态系统，在产业、社会、自然三者之间进行高度耦合优化，加快创新发展，通过对各类资源的高效循环利用，在保证产出增加、实现经济效益的同时能够将环境生态负担减轻到最低限度以保持良好的生态环境，实现产业与自然发展保持相对平衡、产业与社会发展逐渐协调的过程就是产业生态化（陈洪波，2018；谷树忠，2020；尚嫣然等，2020；任海军和唐天泽，2023）。在评估体系和模型构建方面，郑欢（2021）通过构建渝东南地区产业生态化评价指标体系，采用相关模型测算了渝东南地区 2014—2018 年产业生态化水平，并对该地产业生态化效率进行分析，为该地区进一步实现产业生态化提出相关建议。李扬杰和李敬（2020）从经济发展、生态保护和社会效益三个角度，选择了与产业生态化相关的 21 个指标构建测算体系，借助全局主成分分析模型，对长江经济带 11 个省、直辖市 2011—2017 年产业生态化水平进行动态评价分析，并从微观、中观和宏观三个维度为长江经济带产业生态化发展提出了相关建议。任海军和唐天泽（2023）从经济、社会和环境三个方面构建起产业生态化指标体系，对黄河流域上游产业生态化与生态产业化协同发展进行研究。在发展路径上，不同学者提出了各自的观点。为推动产业生态化发展，有学者提出了走清洁生产之路和建设生态工业园区的发展道路等。刘力和郑京淑（2001）基于产业生态理念，通过对区域产业生态化开发基础进行分析，提出构造生态工业园区这一发展路径以提高废弃物循环再利用，降低工业发展对生态环境的破坏程度，推动区域产业生态化发展。陶天琪等（2021）针对物流行业环境污染现状，根据清洁生产及其评价体系的相关理论，构建了物流行业清洁生产评价指标体系，提出清洁生产应该贯穿到产业的整个生命周期，以期达到环境与经济效益最大化的双赢目的。曾晓文和刘金山（2016）基于广东产业生态化的基础条件，提出应将生态化融入生产、分配、交换、消费的各个环节，推动广东从工业产品大省转变成为生态化工业产品大省，最终形成生态化社会再生产循环系统，并结合广东省实情提出了生态化产业体系发展的路径与建议。于干千和杨遥（2021）在对中国餐饮产业生态化发展的必要性与紧迫性进行详细分析之后，从产业结构生态化、经营生态化、文化生态化、技术生态化和竞争力生态化 5 个方面，为我国餐饮产业生态化提供解决思路和发展路径。辛苗（2021）着重分析了昭通市产业生态化发展过程中存在的重要问题和实现产业生态化发展的困境，从政策支持体系、人才保障体系、科技创新以及理念深化四个方面为拓宽昭通市产业生态化发展路径提供建议。

1.2.2 生态产业化

国外没有“生态产业化”这种提法，但倡导的生态经济在一定程度上概括了生产产业化。1994 年总部设在日本的联合国大学提出零排放理论，它把废物看作没有得到有效利用的原材料，主张将废物作为生产的原材料使用。如 A 企业的废物通过改良加工，可以作为 B 企业的原料，而 B 企业的废物又可作为 C 企业的原料等，最终使整个生产的废物排放达到无限小。Bugge 等(2016)分析了 450 篇文献后，对生态经济进行了概述。他们认为，在过去十年里，研究和政策领域对生态经济概念进行了激烈争论，还没有形成共识。当前，生态经济在自然和工程科学中承担重要角色，涉及三个方面：生物技术视角强调生物技术研究和运用及在不同领域的商业化；生物资源视角关注生物原料加工和提升，以及新的价值链的构建；生物生态视角强调可持续性以及生态加工，注重能量使用和营养的优化、提升生物多样性、防范单一性和土壤退化等。Hoekstra(2015)认为，人类只能“攫取”生态资源总量的 20%用于自身的发展和消费，剩下的 80%要维护生态系统自身的可持续发展，如果超过这个底线，生态系统就会退化。

生态产业化在国外也在系统推进。1990 年英国环境经济学家 Pearce 和 Turner 在其《自然资源和环境经济学》一书中正式提出“循环经济”一词。Ernest 和 Lowe(1993)等于 1993 年提出生态工业园(eco-industrial park, EIP)概念，即按照工业生态学的原理，通过企业间的物质集成、能量集成和信息集成，形成产业间的代谢和共生耦合关系，使一家工厂的废气、废水、废渣、废热或副产品成为另一家工厂的原料和能源，建立生态工业园区。20 世纪 70 年代初，丹麦建立了卡伦堡(Kalundborg)工业共生体，也是世界上第一个生态工业园，这个工业园区的主体企业是电厂、炼油厂、制药厂和石膏板生产厂，以这 4 个企业为核心，通过贸易方式利用对方生产过程中产生的废弃物或副产品，作为自己生产中的原料，不仅减少了废物产生量和处理的费用，还产生了很好的经济效益，形成经济发展和环境保护的良性循环。

就个体层面而言，Bai 和 Sutanto(2002)考证了新加坡 1976—2000 年城市固体废弃物的处理方式，指出随着工业化进程的加快，固体废弃物剧增，新加坡从采用填埋为主转为焚烧为主，填埋的比率从 1976 年的 98.9%降低到 2000 年的 12.8%，但这两种方式对国土狭小的新加坡仍存在巨大挑战。文章同时指出，以食品废物为主的有机固体废弃物占废物总量的 39%，但通过堆肥和厌氧消化分解的循环利用仅仅占 2.3%，因此生物技术处理没有毒性的食品废物是未来一条途径。Davis 和 Song(2006)分析了英国城市固体废弃物中包装物的循环利用问题，认为过去由石油原料制成的包装袋没法生物降解，只能填埋，对环境、经济都造成沉重负担，采用由作物秸秆制作的包装袋可以进行生物降解就能够解决这些问题。Maldonado(2006)以墨西哥南部某个大学3年的固体废弃物分类循环利用为例，实践证明，采取分类对废弃物循环利用，可以使最终被填埋的废弃物减少三分之二，节省填埋场地、节约费用、减少污染。而在废弃物中，以树叶、草和鸡场废物为主的有机废物占48%，对这类废弃物是采用堆肥的方式让其发酵分解、研磨成为肥料还原给花园、草坪和树木。

“产业兴旺”是实现乡村振兴、推动生态文明建设的重点，但推动产业的快速发展不能只追求效率，要兼顾生态环境的发展，因此，“生态产业化”的提出为生态环境平衡发展和资源充分利用提供了新思路。我国对生态产业化的研究相对较晚，在概念界定上，不同学者提出了各自的见解。谷树忠(2020)认为，生态产业化是指生态产品或服务的价值实现过程，及以生态系统修复为主的新业态的形成过程。李星林等(2020)提出：生态产业化就是对生态资源或人文资源的“产业化”转化过程，以现有生态资源（自然资源、气候资源、环境资源等）和人文资源为基础，将资源优势转化为经济优势，引入价格机制，实现资源市场化和价值增值，也表现为“生态资源→生态产品→生态产业”的转化过程。任海军和唐天泽(2023)认为，生态产业化是指采用绿色技术，实现新旧动能转换，借助生态环境价值平台，提供绿色产品和服务，实现产业化发展的过程。总体上，国内学者认为生态产业化就是按照产业化规律推动生态建设，按照市场经营的方式，提供更多优质的生态产品以满足人民日益增长的美好生活需要，重点在于盘活生态资源，连接一、二、三产业，强调对生态资源的转化与应用，实现生态资源保值，促进生态与经济良性循环发展（黎祖交，2018；成华光，2020）。在发展模式和路径上，刘悦忆等(2021)调研分析了粤北地区的自然条件和发展现状，结合粤北地区生态屏障，水源保护地和重要农业生产空间的定位，为粤北地区生态产业化发展提供了“中心—外围”模式、“生态—宜居”模式、工业“转移—升级”模式、农业“集约—立体”模式、服务业“旅游—物流”模式5种生态模式的实现路径。谭美容等(2021)从政策、资源、产业基础等方面，分析了重庆市推进生态产业化发展的优势，从产业发展模式、产业人才、创新体系等方面进行剖析，针对重庆生态产业化发展的短板问题，给政府和企业提出了生态产业化发展路径和建议。在生态产品价值实现机制方面，为推动经济社会发展全面绿色转型，《关于建立健全生态产品价值实现机制的意见》的颁发从建立生态产品调查监测机制、价值评价机制、价值实现推进机制，健全生态产品经营开发机制、保护补偿机制、价值实现保障机制等7个方面提出意见，加快推进我国生态产业化发展（中共中央办公厅，2021）。张俊雄(2019)以浙江省遂昌县的生态产品价值实现为例，对当前生态产品价值实现的难点痛点进行初步分析并提出对策，致力于推动生态资源转变为经济资源，生态要素转变为生产要素，为推动山区生态产品价值实现、绿色发展寻找到一条新路径。李忠(2020)通过对长江经济带绿水青山变为金山银山的路径分析，为生态产品价值实现提出了保护绿水青山、完善生态补偿机制；盘活绿水青山、建立市场化运作机制；依托绿水青山、促进生态资源向生态经济转化三条路径。

1.2.3 产业生态化和生态产业化协同推进

推动产业生态化和生态产业化的协同发展对加快产业升级，实现经济发展绿色转型具有重要的现实意义，虽然产业生态化和生态产业化的研究总体来说起步较晚，但近年来，国内对其研究逐渐增多。史培军和刘学敏(2003)认为西部大开发需要有新思路，通过对西部地区面临的经济发展和生态环境建设的双重问题进行分析，指出“产业发展生态化，生态建设产业化”，推动产业生态化和生态产业化的协同发展是新时期西部地区发展的必然选择。陈长(2018)指出贵州协同推进生态产业化与产业生态化发展，要凸显出生态产业化对经济的贡献程度、具有产业生态化正外部性效应的生态产业链条形成和壮大过程，并提出贵州五大新兴产业集中发力，以大数据为抓手融入三大产业融合发展的实现路径。常纪文(2018)从产业生态化和生态产业化对实现乡村振兴的重要性出发，认为要从积极开展有经济效益的生态修复；大力培养和引进乡村振兴带头人；着力推进有特色、有优势的绿色产业；稳妥开展农村土地“三权分置”改革四方面为乡村振兴中产业生态化和生态产业化的协同推进提供保障措施。王莹莹等(2020)基于复合系统协同度模型，构建了生态产业化、产业生态化评价指标体系，对安徽省生态产业化与产业生态化协同发展情况进行测度，并对测度结果进行综合分析，为生态产业化与产业生态化协同发展提供一定的研究思路。李星林等(2020)提出既要从产业存量、增量、流量、变量“四量”角度推动产业生态化发展，也要从行动举措、发展主体、推进模式等角度推进生态产业化。而且分别对农业、工业、服务业以及生态资源向生态产业转型提出了具体的路径选择。胡宁(2021)对长春市在产业生态化和生态产业化发展过程中所产生的问题进行了详细分析，提出要优化三次产业结构，加快传统产业转型升级；大力发展战略性新兴产业；提升对资源的利用效率，发展循环经济；改善生态环境，为长春市产业生态化和生态产业化的统筹发展提供土壤。张波和白丽媛(2021)以“两山理论”为理论指导，结合典型案例，分析产业生态化和生态产业化协同发展的实践模式的发展现状与存在的问题，并提出以产业改革与创新为动力，以协调发展为整体发展方式，以绿色发展为基本要求，以开放发展为必由之路，以共享发展成果为目标的产业生态化和生态产业化协同发展策略。

1.3 文献述评

产业生态化和生态产业化是加快推进我国生态文明建设、实现可持续发展的重要途径，梳理现有对产业生态化和生态产业化的研究文献可以看出，目前对产业生态化和生态产业化的理论研究大都还停留在表面，有待进一步深入探索。具体来说，需从以下几个方面加强研究：

1.3.1 从产业自身规律加强研究

产业的发展不仅受到自然资源环境的约束，而且还涉及影响产业发展的各种社会因素，所以对产业生态化和生态产业化的研究不能只是仿造自然生态系统的模式，或者是构建简单的生态产业链，虽然这为产业生态化和生态产业化发展提供了新的思路，但产业生态化和生态产业化实际上仍是产业经济，还要将其放置在整个社会系统当中，确保产业自身协调发展，产业与自然、社会协调发展，所以从产业自身规律以及不同类型产业特征出发研究产业生态化和生态产业化还有待进一步加强完善。

1.3.2 构建完整的理论框架做支撑

梳理相关研究文献可以看出，我国对产业生态化和生态产业化研究起步较晚，目前国内对产业生态化和生态产业化的理论研究仍然比较欠缺，对产业生态化和生态产业化发展的基础理论、模型构建、目标体系以及评价体系等方面的详细研究还比较少，也就是说对产业生态化和生态产业化的研究缺乏相对完整的理论框架作为支撑。随着产业生态融合发展必将出现新情况、新问题，所以对产业生态化和生态产业化的理论研究还需要更加深入，这是未来产业生态化和生态产业化发展需要进一步研究的重点。

1.3.3 探索定量定性结合的研究方法

目前关于产业生态化和生态产业化的研究，主要集中在产业生态化和生态产业化的内涵、发展路径模式、特征以及产业生态化和生态产业化协同推进的分析上，大多是以案例为主，做定性的分析和讨论，关于产业生态化和生态产业化定量研究还是较少，还需要有更多的耦合，比如动态分析和静态分析相结合的分析方法，建立更多科学的“两化”模型，基于模型构建和指标体系的产业生态化和生态产业化路径选择、制度设计以及产业生态化和生态产业化水平测度研究还需要加强。

1.3.4 生态产业化需要“量生而行”

人类社会系统是自然生态系统的一部分，因此，我们必须“尊重自然、顺应自然、保护自然”，为满足自身生产生活需要而创建的产业既是人类社会的一部分，也是自然生态系统的一部分，所以，产业生态化是必需的。但是，生态产业化则要一分为二思考。从人类历史上看，从原始社会的刀耕火种，到现代集约化农业，甚至现代的采掘业、制造业，在很大程度上，我们都是利用大自然给予人类的“生态资源”发展产业。自然资源首先要实现自然生态系统的“自我可持续性”，因此，人类在“生态产业化”过程中，应该是在维护“生态可持续”基础上的“产业化”。所以，在“生态产业化”过程中，如何掌握这个“度”，也许，需要“量生而行”，即根据资源禀赋和生态规律进行“产业化”。也许正如 Hoekstra(2015)研究认为，人类与自然只能实现“28 定律”，即从自然中攫取 20%为己所用，把 80%的资源留给自然生态系统，如果超过这个底线，生态系统就存在停滞进而退化的可能。当然，随着科技的进步，我们可能可以实现更多的“资源变资产”，但“尊重自然、顺应自然、保护自然”是底线。

参考文献

常纪文. 乡村产业兴旺，需要做好生态文章——乡村振兴中的产业生态化和生态产业化问题. 中国生态文明，2018(3)：49-52.

陈洪波. “产业生态化和生态产业化”的逻辑内涵与实现途径. 生态经济，2018，34(10)：209-213+220.

陈长. 论贵州协同推进生态产业化与产业生态化. 贵州省党校学报，2018(6)：123-128.

成华光. 如何理解生态产业化. 国土绿化，2020(11)：49-50.

胡宁. 长春市产业生态化和生态产业化统筹发展研究. 长春市委党校学报，2021(2)：55-59.

李星林，罗胤晨，文传浩. 产业生态化和生态产业化发展：推进理路及实现路径. 改革与战略，2020，36(2)：95-104.

李扬杰，李敬. 长江经济带产业生态化水平动态评价——基于全局主成分分析模型的测算. 林业经济，2020，42(7)：41-50.

李忠. 长江经济带生态产品价值实现路径研究. 宏观经济研究，2020(1)：124-128+163.

黎祖交. 生态产业化　产业生态化. 绿色中国，2018(11)：42-45.

刘磊. 习近平新时代生态文明建设思想研究. 上海经济研究，2018 (3)：14-22+71.

刘力，郑京淑. 产业生态研究与生态工业园开发模式初探. 经济地理，2001(5)：620-623.

刘悦忆，郑航，陈君梅. 粤港澳大湾区背景下的粤北生态产业模式研究. 经济管理文摘，2021(1)：1-3.

谷树忠. 产业生态化和生态产业化的理论思考. 中国农业资源与区划，2020，41(10)：8-14.

任海军，唐天泽. 黄河流域上游产业生态化与生态产业化协同发展研究. 青海社会科学，2023，1：40-48.

尚嫣然，温锋华. 新时代产业生态化和生态产业化融合发展框架研究. 城市发展研究，2020，27(7)：83-89.

史培军，刘学敏. 生态建设产业化 产业发展生态化. 求是，2003(4)：32-34.

谭美容，罗胤晨，文传浩. 重庆市推进生态产业发展：优势、短板及因应策略. 重庆文理学院学报(社会科学版)，2021，40(1)：56-67.

陶天琪，桂敏，张爱博，等. 物流行业清洁生产评价指标体系的构建及应用研究. 环境科学与管理，2021，46(4)：174-179.

王莹莹，何刚，阮君. 生态产业化与产业生态化协同度研究——以安徽省为例. 安徽理工大学学报(社会科学版)，2020，22(5)：19-23.

辛苗. 昭通市产业生态化的问题与发展路径分析. 中国集体经济，2021(23)：32-33.

于干千，杨遥. 中国餐饮产业生态化发展研究. 粮油食品科技，2021，29(3)：1-8.

曾晓文，刘金山. 广东产业生态化的发展战略与路径. 广东财经大学学报，2016，31(5)：104-112.

张波，白丽媛. "两山理论"的实践路径——产业生态化和生态产业化协同发展研究. 北京联合大学学报(人文社会科学版)，2021，19(1)：11-19+38.

张俊雄. 生态产品价值实现机制研究. 知识经济，2019(18)：70-72.

郑欢. 重庆渝东南地区产业生态化效率研究. 中国集体经济，2021(23)：34-36.

中共中央办公厅，国务院办公厅. 关于建立健全生态产品价值实现机制的意见. 水利建设与管理，2021，41(5)：1-5.

Bai R B, Sutanto M. The practice and challenges of solid waste management in Singapore. Waste Mangement，2002，22(5)：557-567.

Bugge M M，Hansen T，Klitkou A. What is the bioeconomy? A Review of the Literature. Sustainability，2016，8：691.

Davis G，Song J H. Biodegradable packaging based on raw materials from crops and their impact on waste management. Industrial Crops & Products，2006，23(2)：147-161.

Ernest，Lowe. Industrial ecology—an organizing framework for environmental management. Environmental Quality Management，1993，3(1)：73-85.

Hoekstra A Y. The sustainability of a single activity，production process or product. Ecological Indicators，2015，57：82-84.

Jelinski L W, Graedel T E, Laudise R A, et al. Industrial ecology: Concepts and approaches. Proceedings of the National Academy of Sciences, 1992,89(3):793-797.

Maldonado L. The economics of urban solid waste reduction in educational institutions in Mexico: a 3-year experience-sciencedirect. Resources Conservation & Recycling, 2006,48(1): 41-55.

Taddeo, Raffaella. Industrial ecology and innovation: At what point are we? editorial for the special issue "industrial ecology and innovation". Administrative Sciences, 2021,11: 93.

Taddeo, Raffaella, Alberto Simboli, et al. Industrial symbiosis, networking and innovation:The potential role of innovation poles. Sustainability, 2017,9: 169.

第2章 贵州粮食作物生产综合效益及减排增值潜力分析——以锦屏县为例

2.1 贵州粮食生产

水稻、小麦和玉米是中国三大粮食作物。虽然中国粮食生产“十七年丰”，稳定在6.5亿t以上，人均粮食拥有量超过470 kg，但粮食安全，尤其是保证口粮的绝对安全始终是中国农业生产“重中之重”，因此，未来粮食生产的支持力度和各项投入必将加大(何可等，2021)。但是，包括粮食生产在内的农业生产面临经济、能耗和生态多重压力，一方面，粮食生产经济效益远不如经济作物，如何增加经济效益、提高农民种粮积极性，是粮食生产首先要解决的问题；另一方面，农业及食品产业引发的温室气体排放占人类活动总排放的25%左右(Liang等，2021)，在“碳达峰”“碳中和”压力下，如何降低能耗、实现绿色低碳生产，是必须解决的第二重压力。

就贵州粮食生产情况来看，虽然改革开放以来，贵州省粮食生产能力不断提升，自给率一度高达90%，但当前仅为70%左右，区域性粮食安全不容乐观(魏霄云、史清华，2020)。从2011—2019年粮食播种面积和粮食产量来看，播种面积最高峰是2014年，达到313.8万hm^2，此后逐年走低，2019年仅为270.9万hm^2。从产量来看，2011年粮食产量877万t，此后开始缓慢上升，在2016年达到最高值1264万t，2018年和2019年迅速回落到1000万t左右。从三大粮食作物的播种面积和产量来看，近十年来，稻谷的播种面积最稳定，占总播种面积的22%～25%，2014年以后产量一直稳定在400万t以上。小麦的播种面积在2014年前稳定在8%，其后保持在5%，产量在2015年达到65万t的峰值后，呈下降趋势，2019年为33万t，仅为最高值的一半。玉米的播种面积和产量均呈倒U字形，2011—2016年播种面积从79万hm^2提升到104万hm^2，产量从244万t到456万t。此后，由于农业部统一对“镰刀湾"地区进行种植结构调整，贵州省开始实施特色农业产业，大力压缩玉米种植面积，发展经济作物，到2019年，玉米播种面积和产量回落到53万 hm^2 和232万 t。玉米播种面积和产量最高值曾经占贵州粮食播种总面积和总产量的33%和36%，目前仅为20%和22%。从未来发展趋势来看，在"粮改经"大背景下，经济作物的规模和产值必然进一步加强，但从维护粮食安全角度出发，粮食生产不容忽视。因此，必须提高其经济效益，从而激发农业主体的种粮积极性。

从贵州省三大粮食作物近10年的数据(表2-1)分析，贵州以水稻消费为主，因此，小麦播种面积和产量在贵州均不占主导地位。在国家和地方农业产业结构调整大方向下，曾经占据重要地位的玉米的播种面积和产量还有进一步下滑趋势。就贵州农业产业结构调整而言，2015年贵州开始发展现代山地特色高效农业，2018年开始，大量压缩玉米种植面积改种精品蔬菜、水果等经济作物。因此，要实现粮食作物的绿色低碳、增效增值，水稻生产是关键。

关于贵州的粮食生产，众多学者主要是从政策、科技、投入、自然灾害、土地、肥料等要素探讨贵州粮食生产效率及影响因素(王天生、王瑶，2009；苏跃等，2008；王永平、马赞甫，2015；钱孟超，2020)，对生态及经济效益的量化评估较少涉及(蒋楚麟，2005)。本研究以黔东南州锦屏县水稻生产为例，从经济、能量和生态三个角度来探讨贵州粮食生产的综合效益及减排增值潜力，同时，根据贵州农田土壤普遍富硒，市场上富硒水稻、富硒茶等功能性产品价格普遍高于常规产品，假定在优化施肥条件下生产富硒大米，以绿色富硒水稻作为优化模式，比较两种模式下的减排增值潜力，探索贵州粮食作物高质量发展的新路径。

2.2 水稻优势种植区概况

2.2.1 锦屏县基本情况

锦屏县是贵州省黔东南州下辖县(东经108°48′～109°24′，北纬26°23′～26°46′)，土地总面积1596 km^2，下辖15个乡镇，总人口23.7万。该县属于中亚热带湿润季风气候区，年均温度和降雨量分别为16.4℃和1370mm，水热同季。锦屏县是黔东南水稻优势种植区，土壤以潮砂泥为主，富铝化特征明显。

表 2-1 贵州省主要粮食作物生产基本情况

粮食生产	单位	2011 年	2012 年	2013 年	2014 年	2015 年	2016 年	2017 年	2018 年	2019 年
粮食作物播种面积	万 hm^2	305.6	305.4	311.8	313.8	311.1	312.2	305.3	274	270.9
稻谷面积	万 hm^2	68.2	68.3	68.4	68.2	71.1	71.4	70	67.2	66.5
小麦面积	万 hm^2	25.8	25.9	25.2	25.2	18	16.9	15.6	14.2	13.7
玉米面积	万 hm^2	78.8	77.5	77.8	78.7	103.8	104.2	100.6	60.2	53.1
粮食作物产量	万 t	876.9	1079.5	1029.9	1138.5	1214.6	1264.3	1242.5	1059.7	1051.2
稻谷产量	万 t	303.9	402.4	361.3	403.2	442.7	456.0	448.8	420.7	423.8
小麦产量	万 t	50.4	52.4	51.5	61.5	65.4	41.8	41.2	33.2	32.9
玉米产量	万 t	243.7	342.3	298.0	313.8	343.6	456.4	441.2	258.9	232.3
稻谷面积占比	%	22.3	22.4	21.9	21.7	22.9	22.9	22.9	24.5	24.5
小麦面积占比	%	8.4	8.5	8.1	8.0	5.8	5.4	5.1	5.2	5.1
玉米面积占比	%	25.8	25.4	25.0	25.1	33.4	33.4	33.0	22.0	19.6
稻谷产量占比	%	34.7	37.3	35.1	35.4	36.4	36.1	36.1	39.7	40.3
小麦产量占比	%	5.7	4.9	5.0	5.4	5.4	3.3	3.3	3.1	3.1
玉米产量占比	%	27.8	31.7	28.9	27.6	28.3	36.1	35.5	24.4	22.1

注：数据来源于《贵州统计年鉴》。

2.2.2 数据来源和方法

1.数据获取

2020 年 10 月，贵州财经大学乡村振兴战略研究所师生对锦屏县 6 个乡镇(敦寨、新化、钟灵、固本、河口、彦洞)进行问卷调查，共调查 68 户农户和 11 个合作社粮食生产情况，重点调查物质和经济投入产出数据，包括人工、种子、化肥投入，灌溉用电，机器使用，柴油消耗和农药使用等，以及不同生产模式农资投入、农作物产出的数量和价格等，以此作为农户习惯模式的基础数据。至于优化模式，则综合相关文献确定氮磷钾和硒肥的施用量(龙胜碧等，2020；梁伟，2019；李书田，2017)。龙胜碧等(2020)在锦屏县的水稻平衡施肥实验结果表明，与农民习惯施肥方式相比，平衡施肥氮磷钾的投入降低 10%～26%，产量反而略有增加。具体硒肥投入，根据梁伟(2019)在东北海伦市和江西南昌市的富硒水稻实验确定纳米硒肥用量，其他投入要素及产出假定不变。所有数据采用 Excel 进行整理分析，结果见表 2-2。

表 2-2　锦屏县水稻生产单位面积(hm^2)投入-产出

投入-产出要素	单位	习惯模式	优化模式
投入			
人力劳动	h	600	600
种子	kg	12	12
机器	h	102	102
农药	kg	9	9
N	kg	189	162
P_2O_5	kg	169.5	62
K_2O	kg	181.5	96
纳米硒肥	g	—	45
柴油	L	91.5	91.5
农家肥	kg	1650	1650
产出			
籽粒	kg	7800	7800
秸秆	kg	7880	7880

2.研究方法

(1)投入-产出法　本研究中采用投入-产出法计算不同模式的经济效益，其计算公式如式(2-1)所示：

$$I_e = I_o / I_i \tag{2-1}$$

式中：I_e是不同生产模式的经济的产投比，I_i和 I_o分别是不同模式的经济投入和经济产出。

(2)能量分析法　计算所有投入-产出物质所蕴藏或消耗的能量，选择能量产投比、单位产品能量比、单位能量生产率等指标计算不同生产模式的能量效率。计算公式如式(2-2)至式(2-4)所示。

$$E_e = E_o / E_i \tag{2-2}$$

$$E_s = E_i / Y_i \tag{2-3}$$

$$E_p = Y_i / E_i \tag{2-4}$$

式中：E_e为不同生产模式的能量产投比；E_i为生产过程中投入的各类能量；E_o为不同模式产出能量；E_s为不同生产模式单位产品的能量比；E_p为不同生产模式的单位能量生产率；Y_i为不同生产模式的经济产量。作物从生产到收获过程中所涉及的能量输入和输出当量转换见表 2-3。

表 2-3　农业生产投入-产出要素能量当量和碳足迹当量

投入-产出要素	单位	能量		碳足迹	
		能量当量 (MJ eq)	参考文献	温室气体当量 (CO_2 eq)	参考文献
投入					
劳动力	d	12.6	陈阜(2009)	0.86	刘巽浩等(2013)
机械	kg	210	陈阜(2009)	6.74	Liang 等(2019)
机械	h	62.7	陈阜(2009)	3.32	Feng 等(2020)
柴油	kg	44.5	陈阜(2009)	3.32	刘巽浩等(2013)
电力	kWh	12.5	陈阜(2009)	0.92	刘巽浩等(2013)
肥料					
N	kg	92.02	Liang 等(2019)	8.30	Gao 等(2015)
P_2O_5	kg	20.96	Liang 等(2019)	1.50	Gao 等(2015)
K_2O	kg	13.13	Liang 等(2019)	0.98	Gao 等(2015)
有机肥	kg	0.3	陈阜(2009)	0.10	刘巽浩等(2013)
农药	kg	240	Liang 等(2019)	18.00	Liang 等(2019)
灌溉水	m^3	1.02	Liang 等(2019)		
农膜	kg	83.1	陈阜(2009)	2.49	Liang 等(2019)

续表 2-3

投入-产出要素	单位	能量		碳足迹	
		能量当量（MJ eq）	参考文献	温室气体当量（CO_2 eq）	参考文献
钢材	kg	56.56	陈阜(2009)	8.87	Liang 等(2019)
LDPE 膜	kg	89.3	陈阜(2009)	2.80	Liang 等(2019)
水稻种子	kg	22	陈阜(2009)	1.18	刘巽浩等(2013)
产出					
稻谷	kg	15.1	陈阜(2009)	1.18	刘巽浩等(2013)
秸秆	kg	14.2	陈阜(2009)	1.00	刘巽浩等(2013)

(3)碳足迹评价　农作物生产碳足迹为农田生产过程中各种农资投入(肥料、农药等)的碳排放量之和，因此碳足迹计算公式为式(2-5)至式(2-6)。

$$C=\sum C_i=\sum G_i\times\delta_i \tag{2-5}$$

式中：C 为作物生产碳排放总量；C_i 为生产过程中农药、肥料、灌溉、机械等各类农资投入所产生的碳排放量；G_i 为不同碳源投入量；δ_i 为各碳源排放相关系数。单位经济产值碳足迹的计算公式为式(2-6)。

$$CI=C/I_n \tag{2-6}$$

式中：CI 为单位经济产值碳足迹；I_n 为不同生产模式经济净利润。

2.3　水稻生产综合效益

2.3.1　经济效益情况

从表 2-4 可以看出，锦屏县平均每公顷水稻生产的投入是 12225 元，产值是 18720 元，按照当地近三年稻谷平均价格 2.4 元·kg^{-1}，单位面积稻谷净利润是 6495 元·hm^{-2}，即平均每亩的收入是 433 元，产投比为 1.5，即产出是投入的 150%。在所有投入中，机械投入(包括机械耕作收入、燃油和机械生产、维护)费用最高，占总投入的 43.6%；其次是插秧雇用人工投入，占比为 24.5%；化肥和种子投入分别占总投入的 16%和 12.3%。可见，提高机械生产效率、降低人工费用是提高习惯模式水稻生产经济效益的关键。在优化模式中，虽然由于每公顷增加了

450元纳米硒肥成本，但由于氮、磷、钾等大量元素肥的减少，肥料总投入反而减少。优化模式单位面积成本降低了2.5%，为11925元·hm^{-2}。根据梁伟(2019)富硒水稻实验及调查，富硒稻谷的销售价格为3.8元·kg^{-1}，如果农户将稻谷直接出售给加工厂，则其产出和净利润分别是29640元·hm^{-2}和17715元·hm^{-2}。与习惯模式相比，优化模式净利润提高2.73倍，产投比从习惯模式的1.53提高到2.49，提高了62.7%。

表2-4 锦屏县水稻生产单位面积(hm^2)投入-产出经济状况

投入-产出要素	单位	习惯模式	优化模式
投入			
机械整地	元	2400	2400
种苗	元	1500	1500
人工	元	3000	3000
肥料	元	1950	1200
纳米硒肥	元	—	450
农药	元	450	450
机械收获	元	2925	2925
小计	元	12225	11925
产出			
稻谷	元	18720	29640
产投比		1.53	2.49
净利润	元	6495	17715

通过检索普通大米和富硒大米的网络价格发现，功能型大米的价格是普通大米的2.4～3.3倍(表2-5)。以锦屏县数据为参照，如果将贵州水稻生产逐步向绿色功能食品转型，每公顷生产面积的投入将从12225元降到11925元，成本降低2.5%，假定产量不变，稻谷出米率为70%，普通大米和富硒大米均取价格幅度的中间值(11.8元·kg^{-1}和30.3元·kg^{-1})，稻谷加工成大米后的净利润将从52203元·hm^{-2}提升到152763元·hm^{-2}，理论上净利润将提高2.93倍(表2-6)，这同时意味着其产值的能量消耗和碳足迹将降低近3倍。

表 2-5 普通大米和功能大米价格比较

普通大米	价格(元·kg^{-1})	功能大米	价格(元·kg^{-1})
五常香米	19.6	五常富硒米	35.6～47.6
万年贡米	6.8	太朴富硒米	19.5
福临门	7.6	汉水富硒米	26
鄱阳湖香米	4	长寿山富硒米	24
乔府大米	11.6	恩施硒米	13
万年贡大米	5.6	三人行富硒米	24
五丰大米	7.4	溪谷源富硒米	18
价格幅度	4～19.6	价格幅度	13～47.6

注:所有数据均来自唯品会、京东网。

表 2-6 普通大米功能化成本利润分析

项目	单位	普通大米	富硒大米
产量	$kg \cdot hm^{-2}$	7800	7800
出米率	%	70	70
售价	元·kg^{-1}	11.80	30.30
产值	元·hm^{-2}	64428	165438
净利润	元·hm^{-2}	52203	152763

如果贵州省 66.5 万 hm^2 水稻生产有 30%、50%和 80%实现功能性生产,其产值将分别达到 330 亿元、550 亿元和 880 亿元,其净利润将分别超过 300 亿元、500 亿元和 800 亿元。

2.3.2 能量投入-产出分析

从表 2-7 可以看出,习惯模式下水稻生产总能量投入为 37661.75 MJ·hm^{-2},在各种能量投入中,氮、磷、钾肥分别占总能量投入比的 46.2%、9.4%和 6.3%,3 项合计 61.9%;其次是机械和柴油投入,分别占总投入的 17%和 10.8%。总产出为 229676 MJ·hm^{-2},其中籽粒和秸秆分别占总产出的 51.3%和 48.7%。能量使用效率,即能量产投比为 6.10。考虑到秸秆基本被农户和合作社用作饲料和还田,没有直接创造效益,以产出籽粒的能量计算水稻生产经济产出能耗和能量生产效率,分别为 4.83 MJ·kg^{-1}和 0.21 kg·MJ^{-1},即每千克籽粒产出需要消耗4.83 MJ 能量,每兆焦耳能量能够生产 0.21 kg 籽粒产品。单位面积水稻生产的净能量为

192014.26 MJ·hm^{-2}。在优化模式中，考虑到投入到农田的纳米硒肥仅为 45 g 且为实验室配置，故其能耗忽略不计。但由于化肥投入的减少，总能量投入减少到 31801.39 MJ·hm^{-2}，较习惯模式降低了 15.6%。能量利用效率从 6.10 提升到 7.22，提高了 18.4%。在产出不变的情况下，经济产出能耗和能量生产效率分别为 4.08 MJ·kg^{-1}和 0.25 kg·MJ^{-1}，前者较习惯模式降低了 15.6%，后者提升了 18.4%，单位面积净能量提升了 3.1%。

表 2-7 锦屏县水稻生产单位面积(hm^2)能量投入-产出及效率分析

投入-/产出要素	单位	习惯模式	优化模式
投入			
人力劳动	MJ	948.00	948.00
种子	MJ	264.00	264.00
机器	MJ	6395.40	6395.40
农药	MJ	2160.00	2160.00
N	MJ	17391.78	14907.24
P_2O_5	MJ	3552.72	1299.52
K_2O	MJ	2383.10	1260.48
柴油	MJ	4071.75	4071.75
农家肥	MJ	495.00	495.00
小计	MJ	37661.75	31801.39
产出			
籽粒	MJ	117780.00	117780.00
秸秆	MJ	111896.00	111896.00
小计	MJ	229676.00	229676.00
能量使用效率		6.10	7.22
经济产出能耗	MJ·kg^{-1}	4.83	4.08
能量生产效率	kg·MJ^{-1}	0.21	0.25
净能量	MJ	192014.26	197874.61

2.3.3 碳足迹情况分析

从表 2-8 可以看出，锦屏县水稻生产农民习惯模式下总碳投入是 5536.28 kg CO_2 eq·hm^{-2}，其中，氮、磷和钾肥的碳足迹分别是 1568.70 kg CO_2 eq·hm^{-2}、254.25 kg CO_2 eq·hm^{-2}和 177.87 kg CO_2 eq·hm^{-2}，分别占总碳投入的 27.9%、

4.5%和 3.2%，三者共计 35.6%；其次是水稻生产过程中氧化亚氮(N_2O)和甲烷(CH_4)排放，分别占总排放的 16.9%和31.2%；再次是机械和柴油排放，占总排放的 6.0%和 5.4%。如果将籽粒和秸秆中碳折算成碳当量，则总碳产出为 17084.00 kg CO_2 eq·hm^{-2}，产出投入的碳足迹比为 3.09。同样，考虑到秸秆直接还田或者过腹还田，以经济产品即籽粒为单位来计算碳足迹，则单位产品和产值的碳足迹分别是 0.71 kg CO_2 eq·kg^{-1}和 0.85 kg CO_2 eq·元$^{-1}$，即每生产 1 kg 籽粒的碳排放为 0.71 kg CO_2 eq，每创造 1 元经济效益的碳排放为 0.85 kg CO_2 eq。在优化模式中，由于化肥投入的减少，单位面积的总排放降低到 4966.08 kg CO_2 eq·hm^{-2}，较习惯模式降低了 10.3%。经济产品和经济产值的碳足迹分别为 0.64 kg CO_2 eq·kg^{-1}和 0.28 kg CO_2 eq·元$^{-1}$，分别较习惯模式降低了 10.3%和 67.1%。可见，降低化肥投入和功能化生产，能够大幅度降低产品碳足迹。

表 2-8　锦屏县水稻生产单位面积(hm^2)投入-产出碳足迹

投入-产出要素	单位	习惯模式	优化模式
投入			
人力劳动	kg CO_2 eq	66.00	66.00
种子	kg CO_2 eq	13.92	13.92
机器	kg CO_2 eq	338.64	338.64
农药	kg CO_2 eq	162.00	162.00
N	kg CO_2 eq	1568.70	1344.60
P_2O_5	kg CO_2 eq	254.25	93.00
K_2O	kg CO_2 eq	177.87	94.08
柴油	kg CO_2 eq	303.78	303.78
农家肥	kg CO_2 eq	165.00	165.00
N_2O 排放	kg CO_2 eq	954.43	625.06
CH_4 排放	kg CO_2 eq	1760.00	1760.00
小计	kg CO_2 eq	5536.28	4966.08
产出			
籽粒	kg CO_2 eq	9204.00	9204.00
秸秆	kg CO_2 eq	7880.00	7880.00
小计	kg CO_2 eq	17084.00	17084.00
投入产出碳足迹比		3.09	3.44
单位经济产品碳足迹	kg CO_2 eq·kg^{-1}	0.71	0.64
单位经济产值碳足迹	kg CO_2 eq·元$^{-1}$	0.85	0.28

2.4 多元提升潜力与路径

本研究以锦屏县水稻生产为例，对贵州主要粮食作物水稻的经济效益、能量效率和以碳足迹为指数的生态效益进行初步估算。结果表明，习惯模式下每公顷水稻生产的经济效益为 6495 元，其成本主要在于机械、人工、化肥和种子投入。如果实现绿色功能化生产，通过减少肥料投入，实现富硒水稻生产和加工，富硒稻谷的经济利润将增加 2.73 倍。加工后的富硒大米，与普通大米相比，净利润将从 5.2 万元$\cdot hm^{-2}$提升到 15.3 万元$\cdot hm^{-2}$，增加 2.93 倍，其相应经济单位能量投入和碳足迹将降低 3 倍。如果贵州 66.5 万 hm^2 水稻生产面积不同程度地功能化，其产值将在 300 亿～900 亿元，净利润将在 300 亿～800 亿元。习惯模式水稻生产的能量效率为 3.13，与 20 世纪中国水稻生产不同模式相比，能量效率提高了 29%～119%（刘巽浩，1984）。习惯模式的碳足迹为 5632.6 kg CO_2 eq $\cdot hm^{-2}$，与国内类似研究相比，数值较高，但单位产品的碳足迹与同类研究接近，如果采用优化模式，面积和产量碳足迹还有优化空间。

刘巽浩（1984）曾经用能量法对中国南方地区的水稻生产的产出效率进行比较分析，以籽粒能量作为产出与全部人工投入进行比较，低产田到高产田的能量效率在 1.43～2.43。锦屏县数据显示，农民习惯模式的能量效率为 3.13，这意味着在过去的 40 年里，我国水稻生产的能量效率较 20 世纪 80 年代的高产田提高了 28%，较低产田提高了 119%，而优化模式的能量效率为 3.70，这意味着还有较大的提升空间。Liang 等（2019）对北京单季玉米和冬小麦-夏玉米轮作的能量效率进行了分析，其数值分别为 2.40 和 2.00，这意味着锦屏县水稻的生产的能量效率较中国北方地区高。

Xia 等（2016）研究结果显示，中国水稻生产的碳足迹高达 1.8 kg CO_2 eq $\cdot kg^{-1}$，显著高于日本的 0.78 kg CO_2 eq $\cdot kg^{-1}$ 水平。陈中督等（2019）对长江中下游稻麦生产的碳足迹和氮足迹进行了分析，结果表明，单位面积的水稻生产碳足迹为 5018.5±600.1 kg CO_2 eq $\cdot hm^{-2}$，其中甲烷占水稻生产总碳排放的 60%，其次是肥、药、柴油、机械等农资排放，其中氮肥和柴油所占比重较高。另外，作者还比较了小、中、大等不同规模水稻生产的碳足迹排放，排放值在 0.53～0.72 kg CO_2 eq $\cdot kg^{-1}$，大中小型规模生产单位籽粒的碳足迹分别是 0.53、0.61 和 0.72 kg CO_2 eq $\cdot kg^{-1}$，规模越大，单位产品的碳足迹越低。从研究结果来看，锦屏县习惯模式单位面积的碳足迹较陈中督等（2019）的研究成果略高，但单位产品的碳足迹与小规模生产基本一致。

优化模式下，单位面积碳排放与陈中督等的研究结果相当，单位产品碳足迹与中等规模生产接近，但与大规模化生产的 0.53 kg CO_2 eq·kg^{-1}有较大差距。与国际水平相比，包括贵州在内的我国水稻生产单位产品碳足迹较印度水稻生产的碳足迹 0.80 kg CO_2 eq·kg^{-1}为优，这主要是由于我国水稻产量较高（Xia 等，2016）。但与国外相比，还有一定差距，这意味着贵州地区的水稻生产还有较大的提升空间（Clune 等，2017）。

总之，就能量效率和生态效益而言，优化后还有较大绿色低碳发展空间。但就经济效益而言，农民习惯生产模式下，每公顷水稻生产能够获利 6450 余元，考虑到当地农业务工 80～120 元·d^{-1}，显然，小规模的水稻生产不能给农民和合作社创造预期的经济效益，吸引力显然不够。但如果实现功能化生产和加工，理论上，利润将提升到 9 万～12 万元·hm^{-2}，能吸引较多的城乡劳力、资本进入该领域。因此，常规粮食生产绿色低碳功能化，无疑为贵州粮食生产高质量发展提供了新的路径，也为乡村振兴的产业兴旺夯实了基础。

参考文献

陈阜. 农业生态学. 北京：中国农业大学出版社，2009.

陈中督，徐春春，纪龙，等. 长江中游地区稻麦生产系统碳足迹及氮足迹综合评价. 植物营养与肥料学报，2019，25(7)：1125-1133.

蒋楚麟. 试论贵州生态建设、粮食安全和农民增收的相互关系. 贵州农业科学，2005，3：105-108.

何可，宋洪远. 资源环境约束下的中国粮食安全：内涵、挑战与政策取向. 南京农业大学学报(社会科学版)，2021，21(3)：45-57.

李书田，刘晓永，何萍. 当前我国农业生产中的养分需求分析. 植物营养与肥料学报，2017，23(6)：1416- 1432.

梁伟. 纳米硒不同施用方式下对水稻中硒含量的影响. 北京：中国农业大学，2019.

刘巽浩，徐文修，李增嘉，等. 农田生态系统碳足迹法：误区、改进与应用——兼析中国集约农作碳效率. 中国农业资源与区划，2013，34(6)：1-11.

刘巽浩. 能量投入产出研究在农业上的应用. 农业现代化研究，1984(4)：15-20.

龙胜碧，梁怡，王坤，等. 贵州黔东南州水稻平衡施肥效应. 贵州农业科学，2020，48(4)：41-47.

罗敏，曾以禹. 两型农业背景下的粮食生产——以贵州为例. 农业技术经济，2012(10)：52-58.

钱孟超. 贵州地区粮食生产效率及影响因素的实证分析. 生产力研究，2020，332(3)：84-87.

苏跃，廖婧琳，冯泽蔚，等. 54 年来贵州旱灾及其对粮食生产的影响. 贵州农业科学，2008，36(1)：51-53.

王天生，王瑶. 贵州粮食生产发展 60 年回顾与展望. 贵州农业科学，2009(9)：1-9.

王永平，马赞甫. 贵州粮食产量波动的影响因素研究. 农业现代化研究，2015，36(6)：946-953.

魏霄云，史清华. 农家粮食：储备与安全——以晋浙黔三省为例. 中国农村经济，2020，9：86-104.

Clune S，Crossin E，Verghese K. Systematic review of greenhouse gas emissions for different fresh food categories. Journal of Cleaner Production，2017，140：766-783.

Feng Y P，Zhang Y Y，Li S，et al. Sustainable options for reducing carbon inputs and improving the eco-efficiency of smallholder wheat-maize cropping systems in the Huanghuaihai Farming Region of China. Journal of Cleaner Production，2020，244：118887.

Gao B，Ju X，Meng Q，et al. The impact of alternative cropping systems on global warming potential，grain yield and groundwater use. Agriculture Ecosystems & Environment，2015，203：46-54.

Liang L，Ridoutt B G，Wang L. Food Security and Climate Stabilization：Can Cereal Production Systems Address Both? Sustainability，2021：13：1223.

Liang L，Ridoutt B G，Wu W，et al. A multi-indicator assessment of peri-urban agricultural production in Beijing，China. Ecological Indicators，2019，97：350-362.

Xia L，Ti C，Li B，et al. Greenhouse gas emissions and reactive nitrogen releases during the life-cycles of staple food production in china and their mitigation potential. Science of The Total Environment，2016，556：116-125.

第3章 “五结合”生态温室生命周期评价及比较分析

3.1 正确认识中国的设施农业

设施农业是现代农业的重要组成部分(吴文良,2000),对设施农业的评价也是国内外研究的热点(赵立欣等,2017),而生命周期评价(life cycle assessment,LCA)法被国内外广泛应用(Cellura 等,2012;Payen 等,2015;Cellura 等,2012;郭金花,2016;徐强等,2018)。截至 2017 年底,中国设施农业的总面积高达 370 万 hm^2,其中 85%用于蔬菜生产,面积和产量均居世界第一位,为我国菜篮子工程做出重大贡献(束胜等,2018)。但目前设施蔬菜生产 N 肥年投入普遍超过 1000 $kg \cdot hm^{-2}$,当季利用率<10%,每季灌溉水高达 500~800mm,农药投入超过 40 $kg \cdot hm^{-2}$,40%温室土壤盐碱化,80%监测点发现抗生素,部分地区浅层地下水 90%超标,其环境风险不容忽视(Hu 等,2017)。当前,国外设施农业常见模式是加温温室和拱棚,降低能耗及潜在的环境危害是其研究的重点(Muñoz 等,2008;Torrellas 等,2012),中国设施蔬菜生产常见模式是无须加温的节能日光温室和拱棚,国内更关注高投入引发的环境危害(郭金花,2016;徐强等,2018;Ju 等,2011)。

在众多模式中,在我国发展起来的种养一体生态模式一直受到众多学者的关注。该模式发源于 20 世纪 80 年代辽宁省盘锦市大洼县清水农场,1989 年被辽宁省政府科学技术进步奖评审委员会命名为“北方庭院生态农业模式”,即集温室、畜舍、厕所和沼气池于一体的“四位一体”模式。近 30 年来,该模式被不断创新、改进和推广,生态和经济效益不断提高(杭胜,2016)。“五结合”就是在“四位一体”基础上的创新,该模式在结构上由前温室、后温室、畜舍、沼气池、蓄水池组成,在功能上实现种养结合、节水节地、农业废弃物资源化综合利用等,既可以单栋生产,也可串联成为规模化设施农业生产基地，主要种养结合模式包括畜禽/沼/菜、畜禽/沼/果、畜禽/沼/粮-菜等。迄今为止，对国内外不同类型设施农业生产缺乏综合比较分析，本章以"五结合"生态温室和典型地区节能日光温室为代表，采用 LCA 方法对中国设施蔬菜生产的生态模式和常规模式进行环境评价，并与国外相关研究进行比较，探讨生态模式发展潜力及替代常规模式的可能性。

3.2 典型模式和典型方法

3.2.1 两种典型温室基本情况

本章研究对象是河北省唐山市丰润区某农场"五结合"生态温室生产模式和山东省寿光市节能日光温室生产模式。唐山市丰润区位于东经 118°17′，北纬 39°83′，面积 1152.8 km^2，属暖温带大陆性季风气候，年平均气温 10.8℃，年降雨量 710 mm。寿光市位于山东省中部(118°44′～119°10′E，36°41′～37°19′N)，面积 2180 km^2，年降雨量和平均气温分别是 593.8 mm 和 12.5℃，典型的大陆性季风气候。20 世纪 90 年代，寿光市开始大规模发展温室大棚蔬菜生产，1995 年被国家相关部门命名为"中国蔬菜之乡"，是中国设施蔬菜生产的典型区域。生态温室和常规温室的基本参数和特性见表 3-1。

表 3-1 两种典型温室基本参数和特性

比较要素	节能日光温室	五结合生态温室
组成结构	种植区、工房	前温室、后温室、沼气池、畜禽舍、蓄水池
基本参数	跨度 10 m 左右，脊高 4.2～4.3 m，地面下沉 0.3～0.5 m，后墙底宽 3.5～4.5 m，顶宽 1.0～1.5 m	跨度 18 m，东西长 100 m，脊高 4.5 m，前温室、后温室、畜禽舍各 1000、500、90 m^2，沼气池和蓄水池各 50m^3 和 120 m^3
土地利用情况	只能利用 32%～37%的土地面积	土地利用率可以达到 72%～85%
采光特性	充分利用直射光，散射光利用不充分，受光不匀	充分利用直射光和散射光，还能利用沼气增温补光，受光均匀
保温特性	被动吸收和存储太阳能升温保温	被动保温和利用沼气主动加温相结合

续表 3-1

比较要素	节能日光温室	五结合生态温室
种养方式	单一种植模式	种养循环模式
农资投入	高投入较高产出潜在高污染	相对常规模式肥水药能降低 50%～80%
产量和品质	可以获得高产，产品整齐度稍差	容易获得高产，而且品质较好
成本和效益	建设成本 100～120 元$\cdot m^{-2}$，折旧+运营每年 30 元$\cdot m^{-2}$，产投比(2.1～2.5)∶1	建设成本 150～180 元$\cdot m^{-2}$，折旧+运营每年 10 元$\cdot m^{-2}$，产投比(5～6)∶1

3.2.2 农业生命周期评价方法

本研究采用生命周期评价(LCA)方法进行比较分析，完整的 LCA 由 4 个相互关联的部分组成，即目标和范围界定、清单分析、影响评价和结果解释(郭金花，2016)。

1. 目标和范围界定

唐山市丰润区某农场采用五位一体生态模式，种植子系统种植“西红柿—芹菜”，养殖子系统则以育肥猪为主，通过沼气子系统将猪粪尿转换为沼渣沼液供种植系统使用，沼气作为农场生产和生活用能，蓄水系统收集、净化、存储天然雨水供种植、养殖系统使用，整个温室通过沼气系统形成种养循环。设定该种养循环模式为模式 1，同时以无沼气和养殖的“番茄—芹菜”单一种植模式作为模式 2，用等量化肥 N 替代模式 1 的有机肥，根据作物预期产量和肥的需求量补充模式 1 和 2 的磷肥和钾肥的不足。另外，以寿光市典型模式(种植两茬西红柿)为模式 3，对三种模式每 667 m^2的投入产出进行能耗和环境比较分析。功能单位是 1 t 蔬菜产品，系统边界从农资生产到蔬菜种植、畜禽养殖，不包括温室建设，蔬菜、肉类运输到市场及消费者消费的过程。整个系统分成农资、农作及养殖三大子系统，其中养殖子系统仅存在于模式 1。

2. 清单分析

清单分析是对研究系统整个生命周期阶段能源消耗、污染物排放进行量化的过程。研究数据来源于实地调研和理论计算，其中模式 1 通过当地种植记录以及相关文献获取；模式 2 是在模式 1 的基础上除去沼气和养殖系统，通过实验测算确保肥、药和灌溉水投入完全一致；模式 3 是通过调研获得数据，3 种模式的投入产出见表 3-2。

表 3-2 三种模式每亩投入产出值

类型	模式 1	模式 2	模式 3
投入			
玉米(kg)	2856	0	0
豆饼(kg)	374.85	0	0
麦麸(kg)	285.6	0	0
仔猪(kg)	510	0	0
人力(d)	30	30	35
种子(kg)	0.31	0.31	0.02
N(kg)	0	35.34	20.71
P_2O_5(kg)	11.51	13.19	20.39
K_2O(kg)	39.77	44.14	17.98
鸡粪(kg)	0	0	1555.6
农药(kg)	0.03	0.03	0.19
电力(kWh)	15.78	15.78	46
水(m^3)	150[a]	150[a]	368[a]
	24.9[b]	0	0
产出			
西红柿(t)	6.04	6.04	10
芹菜(t)	5.48	5.48	0
活体猪(kg)	1190	0	0
沼气(m^3)	1050	0	0

注：a 是灌溉用水，b 是养殖用水，模式 1,2 中灌溉用水有 120 m^3 来自搜集的自然降水。

农资生产阶段的能源消耗和污染排放主要来自化肥、农药、电力等农资的生产，参考胡志远(2006)、梁龙(2009)等的研究成果加以计算。农作子系统的污染物排放主要来源于肥料使用中氮和磷肥的流失，重金属污染以及农药残留。根据樊兆博(2014)和 He 等(2009)的研究成果，化肥和有机肥混用 N 淋洗(NO_3^--N)流失量占总施氮量的 22%，单用化肥则为 29.4%，氨挥发(NH_3-N)占氮肥投入的 1.9%，以氧化亚氮(N_2O-N)形式流失的氮为 0.98%。磷流失量取总磷的 1%(Gaynor 和 Findlay,1995)，重金属残留采用梁龙(2009)的研究成果。进入空气、水体和土壤中的农药分别以使用量中有效成分的 10%、1%、43%来计算(Van 等，2004)。模式 1 中养殖子系统全部使用精饲料，其中玉米、豆饼、麦麸各占 70%，9%和 7%。由于其他成分含量较少而且缺乏相关资料，只计算玉米、豆饼和麦麸部分生产、加工和运输的潜在环境影响,并按照经济系数法计算猪粪尿所应承担的环境负荷比例(杭胜,2016)。

3.影响评价

环境影响评价是根据清单分析与环境的相关性,鉴别系统的投入产出可能对自然资源、人体健康、生态健康产生的潜在影响的定量或定性评价的过程,包括分类、特征化、标准化、加权评估四个步骤(梁龙,2009)。

(1)分类和特征化　本研究仅考虑农产品生命周期中的能源和水资源消耗、气候变化、环境酸化、富营养化、人体毒性、水体毒性和土壤毒性等8种潜在环境影响,同类污染物通过当量系数转换为参照物的环境影响潜力,各种环境影响潜值根据式(3-1)计算(梁龙,2009)。

$$E_{P(x)} = \sum E_{P(x)i} = \sum [Q_{(x)i} E_{F(x)i}] \tag{3-1}$$

式中:$E_{P(x)}$ 为系统对第 x 种环境影响潜值即特征化结果,$E_{P(x)i}$ 为第 i 种胁迫因子对第 x 种环境影响潜值;$Q_{(x)i}$ 为第 i 种胁迫因子排放量;$E_{F(x)i}$ 为第 i 种胁迫因子对第 x 种潜在环境影响的当量系数。

(2)标准化和加权评估　采用2010年中国人均环境影响潜力作为环境影响基准值进行标准化处理(Van Calker等,2004;Liang等,2018),采用王明新设置的权重系数进行加权评估(王明新等,2006),标准化和加权后各模式的潜在环境影响总值根据式(3-2)计算(梁龙,2009)。

$$EI = \sum W_x [E_{p(x)} / E_{F(2010)}] \tag{3-2}$$

式中:EI 为产品系统环境潜在影响总值;W_x 为第 x 种潜在环境影响的权重;$E_{p(x)}$ 为产品系统对第 x 种潜在环境影响潜值;$E_{F(2010)}$ 为2010年中国人均环境影响基准值。

4.结果解释

结果解释是将前几个阶段的研究进行归纳以形成结论、解释局限性和提出建议(王明新等,2006;Liang等,2018)。

3.3　生命周期评价结果

3.3.1　特征化结果

运用式(3-1)对表3-3中各因素潜在环境负荷的影响因子进行特征化,其结果见表3-3。

表 3-3 三种模式单位产品各项环境负荷指数特征化结果

项目	单位	模式 1				模式 2			模式 3		
		农资	养殖	农作	合计	农资	农作	合计	农资	农作	合计
能源消耗	MJ	7.71E+02	1.12E+03	4.82E+00	1.90E+03	4.12E+03	5.53E+00	4.12E+03	2.61E+03	8.57E+00	2.61E+03
水资源	m^3	2.78E−01	2.17E−01	1.30E+01	1.35E+01	8.13E−01	1.30E+01	1.38E+01	7.01E−01	3.68E+01	3.75E+01
气候变化	$kgCO_2$ eq	7.20E+01	1.54E+02	1.62E+01	2.42E+02	4.39E+02	1.74E+01	4.56E+02	3.06E+02	2.35E+01	3.30E+02
环境酸化	$kgSO_2$ eq	4.18E−01	8.66E−01	2.28E+00	3.57E+00	2.65E+00	3.11E+00	5.76E+00	1.78E+00	3.45E+00	5.23E+00
富营养化	$kgPO_4$ eq	6.03E−02	1.78E−01	4.76E−01	7.14E−01	5.55E−01	6.37E−01	1.19E+00	3.86E−01	8.74E−01	1.26E+00
人体毒性	kg 1,4DCB eq	2.93E−02	1.10E−02	9.76E−02	1.38E−01	3.36E−02	9.77E−02	1.31E−01	5.21E−02	5.32E+00	5.37E+00
水体毒性	kg 1,4DCB eq	1.01E−03	2.63E−04	3.20E−01	3.21E−01	1.16E−03	3.20E−01	3.21E−01	1.79E−03	1.76E+02	1.76E+02
土壤毒性	kg 1,4DCB eq	2.19E−03	3.12E−04	2.20E−02	2.45E−02	2.52E−03	2.20E−02	2.46E−02	3.90E−03	2.65E+00	2.65E+00

1.能源消耗和气候变化

三种模式单位产品的能源消耗分别是1900、4120、2610 MJ,模式2和模式3分别是模式1的2.17倍和1.37倍。模式1中能源消耗主要是农资和养殖两个子系统,各占40.7%和59.1%,分别源于农资生产和饲料生产和加工中的能耗。模式2和模式3主要发生在农资子系统,接近100%,主要源于农资生产中的能耗。由于模式2中无机N投入最多,因此,该模式的能耗也最高。对气候变化潜力比较,模式1潜在影响最小,仅为242 kg CO_2 eq,模式2和模式3分别为456 kg CO_2 eq和330 kg CO_2 eq,分别为模式1的1.88倍和1.36倍。从各个环节所占比重来看,模式1养殖和农资两子系统分别占总温室气体排放的64%和30%,养殖主要源于饲料的生产和加工,农资主要源于磷肥和钾肥的生产和运输,而模式2和模式3农资分别占96%和93%,因为这两种模式中化肥N是肥料投入的主体,而氮肥在生产过程中产生大量温室气体(梁龙,2009)。

2.水资源消耗

模式1至模式3单位产品的水资源消耗分别是13.5、13.8、37.5 m^3,水资源消耗在农作子系统均超过90%,可见农业耗水仍是我国水资源消耗的主体,农资和养殖系统水消耗源于农资生产和畜禽养殖耗水。模式3远远高于模式1和模式2,主要是因为模式3仍然采取传统的漫灌方式,而模式1和模式2则根据作物生长规律实施喷灌。另外,模式1和模式2中灌溉水有80%来源于蓄水池存储的自然降水,极大地缓解了地表和地下水资源压力。模式1沼肥替代化肥,减少了农资生产用水,故水资源消耗较模式2低。

3.环境酸化和富营养化

3种模式单位产品的环境酸化潜力分别是3.57、5.76、5.23 kg SO_2 eq,模式2和模式3分别为模式1的1.61倍和1.45倍。从各子系统所占比来看,模式1中农资、养殖和农作子系统所占比例分别是12%、24%和64%,农资和养殖子系统主要源于农资生产和饲料加工过程中产生的SO_x和NO_x,农作子系统主要由于氮肥的应用导致NH_3挥发。模式2中农资和农作子系统各占46%和54%,模式3是34%和66%,主要是农资生产中产生的SO_x和NO_x以及农作子系统中NH_3挥发所致。

水体富营养化潜力三种模式依次是0.71、1.19、1.26 kg PO_4eq,模式2和3分别是模式1的1.67倍和1.76倍。从各子系统来看,模式1中养殖和农作子系统分别占25%和67%,养殖子系统主要是饲料生产加工中产生的NO_x和NH_4^+所致,农作子系统N应用产生的NO_3^-和磷肥的流失是重要原因。模式2农资和农作子系统分别占 47%和 53%，模式 3 则是 31%和 69%，主要是农资生产中的 NO_x、NH_4^+，以及农作系统中 NO_3^- 和磷肥的流失。

4.潜在毒性影响

人体毒性的主要影响因素是重金属和农药残留。模式 1 和 2 以物理和生物防控为主，以微量杀菌剂为辅，因此，其潜在人体、水体、土壤毒性都极低。相反，模式 3 投入的杀虫剂和杀菌剂高达 7 kg·hm^{-2}和 22 kg·hm^{-2}，使用品种大多是联苯菊酯、辛硫磷、百菌清、多菌灵等高残留农药，三种潜在毒性分别达到 5.37、1.76、2.65 kg 1,4-DCB eq，因此，农药的减量化、高效化是未来设施农业发展的目标之一。事实上，由于“五结合”模式通过优化设计，具有更好的通风、采光效果，加上沼液和沼渣本身含生物农药成分，导致温室内病虫害极少，蔬菜产量和质量同步提升，而常规模式环境控制较差，易发病虫害，导致农药用量较大。

3.3.2 标准化和加权评估

通过式(3-2)进行标准化和加权评估，结果见表 3-4 和表 3-5。在标准化结果中，三种模式潜在的富营养化指数最高，分别是 0.188、0.313 和 0.332，这意味着单位产品的人均富营养化指数分别达到 2010 年中国人均负荷的 18.8%、31.3% 和 33.2%，其次是环境酸化、气候变化、水资源消耗和能源消耗等。从单项指数来说，模式 3 的水体毒性高达 36.4，这意味着单位产品的潜在水体毒性超过中国人均环境负荷的 36.4 倍，潜在水体污染极为严重。

加权是为了对整个系统各项潜在环境影响指数进行归一化，方便不同产品、系统的综合评价和比较。从表 3-5 可以看出，单位产品模式 1 至模式 3 的综合指数分别是 0.059、0.093 和 0.041，这意味着单位产品的综合环境负荷分别是 2010 年中国人均环境总负荷的 5.9%、9.3%和 413%。模式 3＞模式 2＞模式 1，模式 3 的综合环境影响指数为模式 1 的 70 倍，模式 1 相对模式 3 下降了 98.6%。

3.4 比较分析与结论

3.4.1 国内外设施农业比较分析

近年来，国内对于种养结合“四位一体”生态温室研究较多，但与节能日光温室等常规模式进行环境影响系统比较的极少(Cheng 等，2011；李金才等，2009；Wei 等，

表 3-4　三种模式单位产品标准化结果

影响类型	单位	模式 1	模式 2	模式 3	基准值（人·年$^{-1}$）	标准化结果		
						模式 1	模式 2	模式 3
能源消耗	MJ	1.90E+03	4.12E+03	2.61E+03	7.26E+04	2.62E−02	5.67E−02	3.59E−02
水资源	m^3	1.35E+01	1.38E+01	3.75E+01	4.52E+02	2.99E−02	3.05E−02	8.30E−02
气候变化	kg CO_2 eq	2.42E+02	4.56E+02	3.30E+02	7.86E+03	3.08E−02	5.80E−02	4.20E−02
环境酸化	kg SO_2 eq	3.57E+00	5.76E+00	5.23E+00	2.88E+01	1.24E−01	2.00E−01	1.82E−01
富营养化	kg PO_4 eq	7.14E−01	1.19E+00	1.26E+00	3.80E+00	1.88E−01	3.13E−01	3.32E−01
人体毒性	kg 1,4-DCB eq	1.38E−01	1.31E−01	5.37E+00	1.97E+02	7.00E−04	6.64E−04	2.72E−02
水体毒性	kg 1,4-DCB eq	3.21E−01	3.21E−01	1.76E+02	4.83E+00	6.65E−02	6.65E−02	3.64E+01
土壤毒性	kg 1,4-DCB eq	2.45E−02	2.46E−02	2.65E+00	6.11E+00	4.01E−03	4.03E−03	4.34E−01

表 3-5　三种模式单位产品加权评估结果

环境影响	能源消耗	水资源	气候变化	环境酸化	富营养化	人体毒性	水体毒性	陆生毒性	总计
权重系数	1.50E−01	1.30E−01	1.20E−01	1.40E−01	1.20E−01	1.40E−01	1.10E−01	9.00E−02	1.00E+00
模式 1	3.93E−03	3.89E−03	3.70E−03	1.74E−02	2.26E−02	9.80E−05	7.32E−03	3.61E−04	5.92E−02
模式 2	8.51E−03	3.97E−03	6.96E−03	2.80E−02	3.76E−02	9.30E−05	7.32E−03	3.63E−04	9.28E−02
模式 3	5.39E−03	1.08E−02	5.04E−03	2.55E−02	3.98E−02	3.81E−03	4.00E+00	3.91E−02	4.13E+00

2009;Wu 等,2015)。本研究以“五结合”生态温室和节能日光温室为例,对生态模式和常规模式进行了比较分析,结果表明,生态模式单位环境负荷综合指数降低了98.6%,可见生态模式具有巨大的环境效益。当前,国外设施农业以依靠化石能源加温的玻璃温室为主,因此,欧美国家更注重节能减排,不断引入太阳能储热系统、PV系统,采取高绝缘技术,加强对地热和生物质能的使用等方式来改进温室生产(Ntinas等,2012,2014,2017)。但这些系统本身就需要运营5年才能收回成本,其潜在的环境负荷巨大,经济和环境瓶颈很难突破(Hassanien 等,2016)。正因如此,国外也出现了生态温室模式,如 Stoknes 等(2016)采用园林废弃物和生活垃圾做沼气发酵原料,将沼气系统和温室一体设计,零距离循环,实现了环境和经济的双重目标。从各项环境指数来看,本研究中生态温室单位产品的能源消耗、水资源消耗、气候变化、潜在的环境酸化、富营养化、人体、水体和土壤毒性较常规模式分别降低了30%~90%,综合指数降低98.6%。Stoknes 等(2016)的生态模式与常规模式比较,单位产品温室气体排放和水资源消耗分别降低95%和80%,有机废弃物100%利用。由此可见,与常规模式相比,生态模式环境、生态和社会效益潜力巨大。

与国外设施农业相比,中国特有的节能日光温室具有自身的优势。以温室气体排放为例,欧美国家玻璃温室生产的西红柿温室气体排放是1.7~5.1 kg CO_2 eq·kg^{-1},有的高达10.1 kg CO_2 eq·kg^{-1},拱棚西红柿温室气体排放0.24~0.51 kg CO_2 eq·kg^{-1},露地西红柿在0.1~0.5 kg CO_2 eq·kg^{-1}(Ntinas 等,2017;Dias 等,2016)。本研究中生态温室和节能温室气体排放分别是0.24 kg CO_2 eq·kg^{-1}和0.33 kg CO_2 eq·kg^{-1}(表3-6),属于低排放,这主要是中国节能日光温室充分利用太阳能升温保温生产,而欧美国家利用各种能源给温室加温。与国际同类生产模式比较(表3-6),结果表明,以寿光为代表的中国常规模式在能源消耗和温室气体减排两方面优势明显,但环境酸化、富营养化、水体和土壤毒性等各项指数较国外有较大差距。除潜在环境酸化外,生态模式各项指数全面优于国外设施农业生产。因此,生态温室具有解决国内外设施农业生产面临的能源消耗、气候变化、富营养化、生态毒性等瓶颈性问题的潜力。

3.4.2 中国生态温室拥有发展潜力

设施生产是世界农业生产的重要组成部分,中国设施蔬菜生产在作出巨大贡献的同时也存在较大的环境风险。本部分将种养结合的“五结合”生态温室与典型地区节能日光温室生产模式进行 LCA 分析,结果表明,生态模式的能源和水资源消耗、气候变化、潜在环境酸化、富营养化和各种毒性指数全面优于常规模式,综合指

表 3-6　国内外设施农业中吨西红柿生产的各项环境指数

温室模式	能源消耗（MJ）	水资源（m^3）	气候变化（kg CO_2 eq）	环境酸化（kg SO_2 eq）	富营养化（kg PO_4 eq）	人体毒性（kg 1,4DCB eq）	水体毒性（kg 1,4DCB eq）	土壤毒性（kg 1,4DCB eq）	研究区域	参考文献
生态温室	1900	13.5	242	3.57	0.71	0.14	0.32	0.02	中国	本研究
节能温室	2610	37.5	330	5.23	1.26	5.37	176	2.65	中国	本研究
玻璃温室	30860	14.1	1928	3.25	0.86				中欧	Torrellas 等（2013）
玻璃温室	28200		2020	3.40	1.37	275		4.2	法国	Boulard 等（2011）
玻璃温室	15600	84.3	897	5.10	1.80				意大利	Cellura 等（2012）
拱棚	4700		508	1.39	1.25	122		0.9	法国	Boulard 等（2011）
拱棚	3144	28.8	202	0.94	0.50				南欧	Torrellas 等（2013）
拱棚	4000		250	1.00	0.49				西班牙	Hu 等（2017）
拱棚	16200	88.9	740	5.70	2.10	430.4	194.5	2.9	意大利	Cellura 等（2012）

数降低 98.6%。与国外同类生产模式比较,中国常规模式在能耗和温室气体减排方面优势明显,其他各项环境指数上还有较大差距,但生态模式各项指数全面优于或接近国外同类生产模式,具有极大的发展潜力和应用价值。

参考文献

樊兆博. 滴灌和漫灌施肥栽培体系下设施番茄产量的水氮利用效率的评价. 北京:中国农业大学, 2014.

郭金花. 典型设施蔬菜生产系统水肥、农药投入及环境影响的生命周期评价. 北京:中国农业大学, 2016.

杭胜. 五位一体生态温室模式优化及生态评价. 北京:中国农业大学, 2016.

胡志远. 车用生物柴油生命周期评价及多目标优化. 上海:同济大学,2006.

李金才,邱建军,任天志,等. 北方“四位一体”生态农业模式功能与效益分析研究. 中国农业资源与区划, 2009, 30(3):46-50.

梁龙. 基于 LCA 的循环农业环境影响评价方法探讨与实证研究. 北京:中国农业大学, 2009.

束胜,康云艳,王玉,等. 世界设施园艺发展概况、特点及趋势分析. 中国蔬菜, 2018(7):1-13.

王明新,包永红,吴文良,等. 华北平原冬小麦生命周期环境影响评价. 农业环境科学学报, 2006,25 (5):1127-1132.

吴文良. 我国不同类型区生态农业县建设的基本途径与典型模式. 中国生态农业学报, 2000, 8(2):5-9.

徐强,胡克林,李季,等. 华北平原不同生产模式设施蔬菜生命周期环境影响评价. 环境科学, 2018(5):2480-2488.

赵立欣,孟海波,沈玉君,等. 中国北方平原地区种养循环农业现状调研与发展分析. 农业工程学报, 2017, 33(18):1-10.

Boulard T, Raeppel C, Brun R, et al. Environmental impact of greenhouse tomato production in France. Agronomy for Sustainable Development, 2011, 31(4):757-777.

Cellura M, Ardente F, Longo S. From the LCA of food products to the environmental assessment of protected crops districts: a case-study in the south of Italy. Journal of Environmental Management, 2012,93(1): 194.

Cheng S, Li Z, Shi H. J, et al. A field study on acceptability of 4-in-1 biogas systems in Liaoning Province, China. Energy Procedia, 2011, 5(1):1382-1387.

Cellura M, Longo S, Mistretta M. Life cycle assessment (LCA) of protected crops: an Italian case study. Journal of Cleaner Production, 2012, 28(4): 56-62.

Dias G M, Ayer N W, Khosla S, et al. Life cycle perspectives on the sustainability of

Ontario greenhouse tomato production: benchmarking and improvement opportunities. Journal of Cleaner Production, 2016,140: 831-839.

Gaynor J D, Findlay W I. Soil and phosphorus loss from conservation and conventional tillage in corn production. Journal of Environmental Quality, 1995, 24:734-741.

Hassanien R H E, Li M, Lin W D. Advanced applications of solar energy in agricultural greenhouses. Renewable & Sustainable Energy Reviews, 2016, 54: 989-1001.

He F, Jiang R, Chen Q. Nitrous oxide emissions from an intensively managed greenhouse vegetable cropping system in northern China. Environmental Pollution, 2009,157(5): 1666-1672.

Hu W Y, Zhang Y X, Huang B, et al. Soil environmental quality in greenhouse vegetable production systems in eastern China: Current status and management strategies. Chemosphere, 2017,170:183-195.

Ju M, Zhao X, Shi W M, et al. Nitrogen balance and loss in a greenhouse vegetable system in Southeastern China. Pedosphere, 2011,21(4): 464-472.

Liang L, Lal R, Ridoutt B G, et al. Life cycle assessment of China's agroecosystems. Ecological Indicators, 2018, 88: 341-350.

Muñoz P, Antón A, Nuñez M, et al. Comparing the environmental impacts of greenhouse versus open-field tomato production in the mediterranean region. Acta Horticulturae, 2008, 801: 1591-1596.

Ntinas G K, Neumair M, Tsadilas C D, et al. Carbon footprint and cumulative energy demand of greenhouse and open-field tomato cultivation systems under southern and central European climatic conditions. Journal of Cleaner Production, 2017,142(4): 3617-3626.

Ntinas G K, Morichovitis Z, Nikita-Martzopoulou Ch. The influence of a hybrid solar energy saving system on the growth and the yield of tomato crop in greenhouses. Acta Horticulturae, 2012,952: 723-729.

Ntinas G K, Fragos V P, Nikita-Martzopoulou Ch. Thermal analysis of a hybrid solar energy saving system inside a greenhouse. Energy Conversion & Management, 2014, 81: 428-439.

Payen S, Basset-Mens C, Perret S. LCA of local and imported tomato: an energy and water trade-off. Journal of Cleaner Production, 2015,87(1): 139-148.

Stoknes K, Scholwin F, Krzesiński W, et al. Efficiency of a novel "food to waste to food" system including anaerobic digestion of food waste and cultivation of vegetables on digestate in a bubble-insulated greenhouse. Waste Management, 2016,56: 466-476.

Torrellas M, Antón A, Montero J I. An environmental impact calculator for greenhouse production systems. Journal of Environmental Management, 2013, 118(2): 186-195.

Torrellas M, Antón A, López J C, et al. LCA of a tomato crop in a multi-tunnel greenhouse in Almeria. International Journal of Life Cycle Assessment, 2012,17(7): 863-875.

Van Calker K J, Berentsen P B M, De Boer I M J, et al. An LP-model to analyze economic and ecological sustainability on Dutch dairy farms: Model presentation and application for experimental farm “de Marke”, Agricultural Systems, 2004, 82(2): 139-160.

Wei X M, Chen B, Qu Y H, et al. Emergy analysis for “Four in One” peach production system in Beijing. Communications in Nonlinear Science and Numerical Simulation, 2009,14(3): 946-958.

Wu X, Wu F, Tong X, et al. Emergy and greenhouse gas assessment of a sustainable, integrated agricultural model (SIAM) for plant, animal and biogas production: Analysis of the ecological recycle of wastes. Resources, Conservation and Recycling, 2015, 96:40-50.

第4章　北京北部生态工程项目多指标评价

4.1　水资源压力下的农业生态工程

水资源短缺和水资源安全是21世纪重要的全球性问题。粮食生产、社会稳定和可持续发展都可能受到缺水的影响，而气候变化使得许多地方这一问题变得更加严重(Chinnasamy等，2015；Lal，2015；何音等，2016)，尽管中国每年有2.81×10^3亿m^3的淡水供应，位居世界第六(Sun等，2016)，但水资源分布不均衡和人均水资源短缺仍是威胁我国可持续发展的两个关键因素。例如，长江流域和华南地区拥有全国36%的耕地和80%的水资源。相比之下，拥有约40%农田的华北地区仅有8%的水资源(Sun等，2016)。全球人均水资源可利用量为8800 m^3，但在中国仅为2200 m^3，华北地区小于500 m^3(Huang等，2012)。2014年，北京的人均可用水量小于100 m^3(北京水务局，2015)，远低于国际公认的1000 m^3的阈值(Huang等，2012)。水资源短缺正威胁着中国的可持续发展，尤其是华北地区的可持续发展。因此，中国必须采取适当的策略来解决这个问题。

1995年以来，张家口市和承德市实施了多个项目，以解决水资源短缺问题和改善人民的生计(刘纲，2012；Zheng等，2013；林惠凤等，2016)。这些城市位于北京的北部，在行政上隶属于河北省。这些项目包括节水农业实践、污水处理、改善流域管理和“稻改旱”(paddy land-to-dry land，PLDL)项目等。其中PLDL项目实施了10年(2006—2015年)，涉及三个县，共15213户家庭和6866 hm^2农田参与该项目。

项目实施和结束后，人们对PLDL项目从不同角度进行了多维度分析。农民受到经济上的激励，用玉米取代水稻种植，但是，补偿的充分性和对生计的整体影响受到质疑(董文福等,2007;刘纲,2012;梁义成等,2013;崔嘉文,2014;刘某承等,2015;林惠凤等,2016)。一些研究人员认为该项目改善了水量和水质(Zheng 等,2013),然而刘纲(2012)和 Liang 等(2013)认为,PLDL 项目的实施增加了水中 N、P 和农药含量。Zheng 等(2013)认为,营养物质的增加也导致了其他环境风险,如地下水中硝酸盐浓度高、土壤酸化、酸雨、温室气体(GHGs)排放等。目前缺乏的是利用多元环境和经济指标对跨越 10 年的 PLDL 项目进行综合评估。

农业生态工程的综合评价已经成为一个热门的研究主题,它涵盖了环境、社会和人体健康等多个方面。例如,Sartori 等(2005)评估了意大利东北部三年作物轮作保护和有机农业的能量使用和经济效益。Oudshoorn 等(2011)在农场层面评估三种生产模式的经济和环境效益,探讨了丹麦未来有机奶制品养殖系统的可持续性。Andersson 等(2015)对两种不同农业系统中的生态系统服务进行了社会-生态分析。基于生命周期评价方法,Kamali 等(2017)评估了巴西南部不同大豆种植系统的一些环境、经济和社会问题。Wang 等(2014)使用 LCA 评估了两种不同的冬小麦-夏季玉米轮作模式。这些研究表明,结合环境和经济方面的综合评估是有益的(Wang 等,2014;Wang 等,2016;Kamali 等,2017)。

本研究的目的是基于多种方法和模型对 PLDL 项目进行综合评估。第一,采用投入-产出法进行能量效率分析。第二,采用生命周期评价法对水稻向玉米种植转变的环境影响进行评估。第三,采用投入-产出平衡法估算改变后的系统的经济效益。第四,通过问卷调查和访谈,分析生态服务效益和社会影响。第五,创建一个综合指标,以协助解释总体变化。

4.2 京冀合作的稻改旱项目评估

4.2.1 项目渊源与发展

PLDL 项目在北京多个地区和河北省的赤城、丰宁和滦平三个县实施。北京位于华北平原(North China Plain, NCP),占地面积 16411 km^2,2015 年人口为 2170 万(北京市统计局,2016)。2014 年,水资源消耗总量为 37.5 亿 m^3,人均可利用水资源仅为 94 m^3(北京市水务局,2015)。预计到 2020 年和 2030 年,水资源总需求将分别增加到 5.3×10^9 m^3 和 5.6×10^9 m^3(Sun,2015)。密云水库是唯一的地表生活用水水源,潮白河流域是北京北部主要水域。潮白河流域上游覆盖承德、张家口三县,下游在北京,进入密云水库,最终这条河在天津地区汇入大海。

2006—2015 年，北京市和河北省在潮白河流域的三个县共同推动了 PLDL 项目的实施。鼓励农民种植春玉米代替传统水稻，并逐步减少化肥和农药的使用。作为奖励，政府向农民提供 6750 元$\cdot hm^{-2}\cdot$年$^{-1}$的经济补贴，从 2008 年起，该金额增加到 8250 元$\cdot hm^{-2}\cdot$年$^{-1}$。2015 年，北京政府宣布该项目取得了成功，但决定将未来工作重点放在其他水资源开发和利用项目上，因此，PLDL 项目被终止。

为了获得有关 PLDL 项目的背景数据，课题组对项目实施地政府相关机构进行了走访调研，包括三个县的农业局和水务局。随后于 2015 年 11 月对相关乡镇的家庭进行了问卷调查。为了进一步比对分析，2016 年 3 月进行了补充调查。调查包括参与的家庭和未参与的家庭，问卷包括两部分：一部分与农业投入和生产水平有关；另一部分则侧重于被调查者对 PLDL 项目的态度以及由此产生的生活方式变化。

4.2.2 能量平衡评估

采用能量平衡法评估水稻和玉米种植系统。总能量投入由不可再生（无机）能和可再生（有机）能组成，并由式（4-1）计算。不可再生能的投入包括使用的机械、柴油、电力、灌溉渠道、化肥和农药。种子和劳动力是可再生能投入，产出包括籽粒和秸秆。表 4-1 描述了所使用的投入-产出清单和能量系数。

$$E_{总} = E_{不可再生} + E_{可再生} \tag{4-1}$$

4.2.3 生命周期评价

生命周期评价（life cycle assessment，LCA）是一种系统评估产品、系统和服务在其整个生命周期内潜在环境影响的工具（ISO，2006）。该方法包括四个阶段，即目标和范围定义、清单分析分析、影响评估和结果解释。

1. 目标和范围定义

应用 LCA 方法的主要目的是评估在实施 PLDL 项目的地区种植水稻和玉米的环境效益。在本研究中，系统边界采用了从摇篮到农场的方法（Brentrup 等，2001，2004），包括从煤、石油、天然气等能源开采，到化肥、农药等农资的生产，再到农田生产阶段的所有投入、相关运营投入都被考虑在内，包括农业机械生产、柴油、灌溉渠道、化肥、农药、电力等。从摇篮到农场的系统边界分为两个子系统：①农资子系统，包括煤、柴油等各类原料开采和提取，肥药等农资生产、加工和运输，以及相应的包装等；②农作子系统，即在农田生产阶段的各种农事活动以及相应的投入、产出以及对空气、水体、土壤的各种排放（图 4-1）。

表 4-1 水稻和玉米生产的投入产出及能量系数

每年每公顷投入-产出	水稻		玉米		能量系数	参考文献
	2006 年	2015 年	2006 年	2015 年		
机械(kg)	26.1	33.4	20.1	22.2	210(MJ·kg^{-1})	Li(2014)
柴油(kg)	50.4	63	47.9	52.9	44(MJ·kg^{-1})	Chen(2011)
电力(kWh)	300	420	0	90	12.5(MJ·kWh^{-1})	Chen(2011)
灌溉(m^3)	1.1	1.2	0	0.3	1834.81(MJ·m^{-3})	Li(2011)
N(kg)	297	330	285	345	91(MJ·kg^{-1})	Chen(2011)
P_2O_5(kg)	25.5	45	24	37.5	13.3(MJ·kg^{-1})	Chen(2011)
K_2O(kg)	0	22.5	0	22.5	9(MJ·kg^{-1})	Chen(2011)
农药(kg)	7.5	15	6	15	102(MJ·kg^{-1})	Chen(2011)
种子(kg)	135	127.5	75	67.5	16(MJ·kg^{-1})	Chen(2011)
劳动力(d)	270	255	135	105	12.6(MJ·d^{-1})	Chen(2011)
籽粒(kg)	8400	8550	8550	8700	15.1/16.3(MJ·kg^{-1})	Chen(2011)
秸秆(kg)	8400	8550	10260	10440	13.8/14.6(MJ·kg^{-1})	Chen(2014)

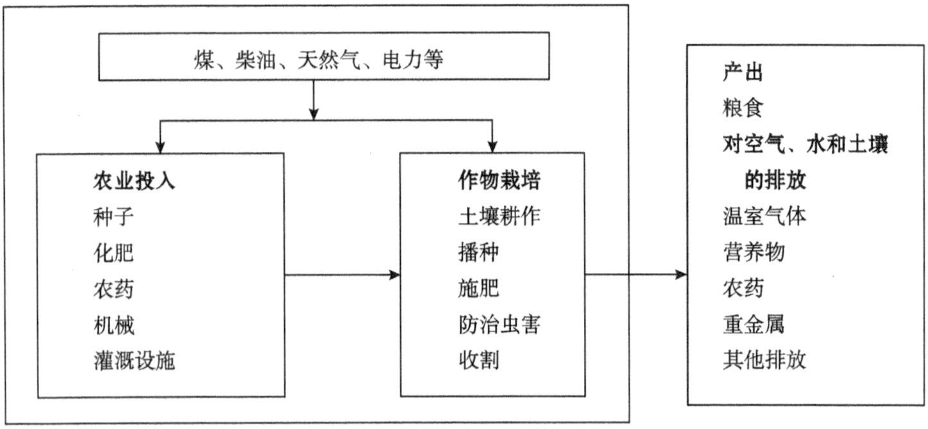

图 4-1　系统边界和所包含的流程

Nemecek 等(2011)概述了农业生命周期评价结果的三种方式:与农产品产量、农场收入和单位耕地面积进行关联。在本研究中,以农产品产量(吨)和土地面积(公顷)作为功能单位来做 LCA 分析。

2.清单分析

稻改旱相应的投入产出数据通过问卷调查获取,利用 Excel 进行分析(表 4-1)。对于农资子系统,农用机械(包括播种机、旋耕机、收割机等)使用的相关系数是根据刘巽浩(1982)和陈阜(2011)的相关研究进行计算。有关农业机械的生产、维护以及与其操作相关的燃料使用和排放的数据来自李书华(2014)和 Yao 等(2011)的研究成果。有关灌溉基础设施的相关数据来自李小冬等(2011)。根据梁龙(2009)概述的方法,计算化肥、农药、电力、种子和柴油生产时的温室气体(包括 CO_2、CO、CH_4、N_2O)、NO_x、SO_2 等的排放量。

对于农场子系统,使用当地实验观察获得排放系数计算化肥施用导致的向空气、水体和土壤排放的各种物质数量。这些排放包括向空气中排放的氨(NH_3)、一氧化二氮(N_2O)和甲烷(CH_4),以及向水中排放的硝酸盐和磷(P)。此外,还考虑了向农业土壤、地表水和地下水排放的重金属。水稻和春玉米的氨(NH_3)挥发系数分别为氮肥(N)用量的 15.4%和 24.7%(杨亚男等,2015;Ju 等,2009)。关于一氧化二氮(N_2O)和甲烷(CH_4)排放,此类排放量的大小受肥料使用和土壤类型影响(段智源等,2014;Ju 等,2009;Harada 等,2007;Hu 等,2013;徐小明,2011)。徐小明(2011)和段智源等(2014)指出,水稻和玉米产生的 N_2O-N 排放系数分别为氮肥总投入的 0.8%和 0.9%。根据陈宗良等(1992)和张剑波等(1994)在研究区域进行的田间实验，采用 17.5 $mg \cdot m^{-2} \cdot h^{-1}$的稻田甲烷排放量。同样，假设水稻和玉米生产的 8.45%和 15.12%的氮肥投入以总氮的形式渗入水中(杨亚男等，2015;Ju 等，2009)。水稻和玉米生产中的磷损失系数分别为磷肥用量的 1.1%和1%(王明新等，2006;李书田等，2011;张翼等，2015)。

从投入-产出平衡中评估重金属(即 Cu、Cd、Zn、Pb)的潜在影响。重金属的投入来源包括灌溉水、化肥和大气沉降。粮食生产中重金属移出包括籽粒和秸秆收获中携带的重金属(杨海雪，2013;张倩，2013)。调查发现，农田中的所有作物残留物都被清除了。由于缺乏相关数据，因此，假设除了灌溉水、籽粒和秸秆携带的重金属外，其余部分重金属进入了农业土壤。施用的农药释放到大气、水和土壤中的农药残留系数分别为所用有效成分的 10%、1%和 43%(Van Calker 等，2004)。

3.影响评价

影响评价是为了进一步了解搜集的数据与环境影响的相关性。影响评估、标准化和权重的方法来自梁龙(2009)的研究。环境影响种类包括不可再生能量(non-renewable energy requirement，NRER)、水资源消耗(water resource depletion，WRD)、全球变暖潜力(global warming potential，GWP)、酸化潜力(acidification potential，AP)、富营养化潜力(eutrophication potential，EP)、人体毒性潜力(human toxicity potential，HTP)、水体毒性潜力(fresh aquatic toxicity potential，FATP)和土壤毒性潜力(terrestrial toxicity potential，TTP)(表 4-2)。所使用的影响评估模型来自文献(刘巽浩，1982;邓南圣等，2003;Brentrup 等，2001;Huijbregts 等，2000)。对于温室气体排放，使用 IPCC(2007)发布的 100 年全球变暖潜能。

表 4-2 环境影响种类和计量单位

影响种类	英文缩写	单位	参考文献
不可再生能量	NRER	MJ	Liu(1982)
水资源消耗	WRD	m^3	Deng 和 Wang(2003)
全球变暖潜力	GWP	kg CO_2 eq	IPCC(2007)
酸化潜力	AP	kg SO_2 eq	Brentrup 等(2001)
富营养化潜力	EP	kg HPO_4^{2-} eq	Brentrup 等(2001)
人体毒性潜力	HTP	kg 1,4-DCB eq	Huijbregts 等(2000)
水体毒性潜力	FATP	kg 1,4-DCB eq	Huijbregts 等(2000)
土壤毒性潜力	TTP	kg 1,4-DCB eq	Huijbregts 等(2000)

4.结果解释

结果解释是 LCA 方法的最后一步。这包括贡献分析，以确定生命周期各阶段存在的影响以及相应的影响因素，进而分析比较不同的生产模式和服务的优劣(Blengini 等，2009)。

4.2.4 经济效益评估

经济评估比较了参与 PLDL 项目的家庭与未参与 PLDL 项目的家庭的农业相关盈利能力。对于参与家庭，收入包括参与 PLDL 项目的政府补贴。数据来源于对家庭的调查分析(第 4.2.1 节)，结果以每公顷耕地面积来表示。一般来说，大多数小农户依靠自己的劳动来进行农业经营。因此，根据中国习俗，劳动力成本未被考虑在内。采用式(4-2)来计算和分析以下两种情况：

$$E_{dp}=(E_{mp}+E_{sp})-E_{pp} \tag{4-2}$$

式中：E_{dp}为参与 PLDL 项目家庭与非参与家庭之间的差异；E_{mp}为玉米生产的净利润；E_{sp}为来自政府的补贴；E_{pp}为水稻生产的净利润。

4.2.5 生态评估和社会评估

改良的农业系统有许多潜在的生态服务效益。本研究主要关注作为与 PLDL 项目最密切的生态服务即水资源可利用率和减少温室气体排放，如式(4-3)：

$$E_{v} = \sum[(E_{mi} - E_{pi})P_{i}] \tag{4-3}$$

式中：E_{v} 为生态服务的总效益；E_{mi} 和 E_{pi} 分别为玉米和水稻生产的生态服务量；P_{i} 为第 i 个生态服务的市场价格。

此外，还使用了两个指标来评估社会影响。其中一个指标是家庭收入的变化，包括农业和非农业收入来源；另一个指标是农户在农业生产系统以外的就业参与情况。

4.2.6 综合指数评估

为了解释 PLDL 项目的综合影响，我们参考仲艳维(2014)的研究成果构建了一个综合指标。综合指标包括能量利用效率、加权后的生命周期评价得分、净利润和生态服务效益四个组成部分。该指标采用式(4-4)进行计算：

$$I_{c} = \sum[W(V_{mi} - V_{pi})/ R_{i}] \tag{4-4}$$

式中：I_{c}为综合性指数；W 为权重系数，四个方面的权重值均为 0.25(仲艳维，

2014)；V_{mi}和V_{pi}分别为玉米和水稻生产的第i个影响值；R_i为第i个影响的参考值。参考值为农业生态系统2009—2011年的平均值，能量利用效率、加权后生命周期评价得分、净利润和生态服务效益参考值分别为2.64(刘巽浩等，2013)，7.15(梁龙，2009)、6195元·hm^{-2}和6114元·hm^{-2}(李胜男等，2016)。

4.3 综合评价结果

4.3.1 能量利用效率在逐步下降

表4-3和表4-4显示了水稻和玉米的能量投入-产出及若干能量利用效率比。与水稻产量相比，2006年玉米生产的总能量投入下降了23.3%，2015年下降了18.5%。然而，对于这两种作物来说，2006—2015年的总能量投入都有所增加，这主要是由于无机能(如机械、柴油和化肥)投入的增加。无机能投入是总能量投入的主要来源。在水稻生产方面，2006年无机能投入占总能量投入的88.2%，2015年为90.4%。玉米的无机能投入比例甚至更高(2006年为92.0%，2015年为94.6%)。相比之下，水稻和玉米的籽粒产量增幅仅为1.8%。因此，总产出(籽粒和秸秆组合)/总投入(无机和有机能量组合)的比率随着时间的推移而下降，水稻产出从5.15下降到4.50，玉米产出从7.99下降到6.58(表4-4)。这些趋势表明，种植玉米能量利用效率比种植水稻高。然而，这两种作物的能量利用效率都随着时间的推移而下降，因为各种资源的持续投入超过一定阈值之后并不能与产出成正比。

表4-3 水稻和玉米生产的能量投入和产出分析

作物	项目	能量投入产出		2006年		2015年	
		2006年	2015年	无机能(MJ)	有机能(MJ)	无机能(MJ)	有机能(MJ)
水稻	机械	26.1 kg	33.4 kg	5481	0	7014	0
	柴油	50.4 kg	63 kg	2217.6	0	2772	0
	电力	300 kWh	420 kWh	3750	0	5250	0
	灌溉渠	1.1 m^3	1.2 m^3	2018.3	0	2201.8	0
	N	297 kg	330 kg	27027	0	30030	0
	P_2O_5	25.5 kg	45 kg	339.2	0	598.5	0

续表 4-3

作物	项目	能量投入产出 2006 年	能量投入产出 2015 年	2006 年 无机能（MJ）	2006 年 有机能（MJ）	2015 年 无机能（MJ）	2015 年 有机能（MJ）
水稻	K_2O	0 kg	22.5 kg	0	0	202.5	0
	农药	7.5 kg	15 kg	765	0	1530	0
	种子	135 kg	127.5 kg	0	2160	0	2040
	劳动力	270 d	255 d	0	3402	0	3213
	总计			41598.1	5562	49598.8	5253
	粮食	8400 kg	8550 kg	0	126840		129105
	秸秆	8400 kg	8550 kg	0	115920		117990
	总计				242760		247095
玉米	机械	20.1 kg	22.2 kg	4212.6	0	4657.8	0
	柴油	47.9 kg	52.9 kg	2106.7	0	2328.5	0
	电力	0 kWh	90 kWh	0	0	1125	0
	灌溉渠	0 m^3	0.3 m^3	0	0	550.4	0
	N	285 kg	345 kg	25935	0	31395	0
	P_2O_5	24 kg	37.5 kg	319.2	0	498.8	0
	K_2O	0 kg	22.5 kg	0	0	202.5	0
	农药	6 kg	15 kg	712	0	1530	0
	种子	75 kg	67.5 kg	0	1200	0	1080
	劳动力	135 d	105 d	0	1701	0	1323
	总计			33285.5	2901	42288	2403
	籽粒	8550 kg	8700 kg		139365		141810
	秸秆	10260 kg	10440 kg		149796		152424
	总计				289161		294234

表 4-4　农业生态系统的能量投入-产出及比例分析

项目	功能单位(kg)	总投入(MJ)	无机能投入(MJ)	有机能投入(MJ)	无机/有机	总产出(MJ)	粮食产出(MJ)	总产出/总投入	总产出/无机能投入	粮食产出/总投入	粮食产出/总无机能投入
水稻$_{2006}$	1000	5614.29	4952.15	662.14	7.48	28900	15100	5.15	5.84	2.69	3.05
水稻$_{2015}$	1000	6415.42	5801.03	614.39	9.44	28900	15100	4.50	4.98	2.35	2.60
玉米$_{2006}$	1000	4232.34	3893.04	339.30	11.47	33820	16300	7.99	8.69	3.85	4.19
玉米$_{2015}$	1000	5136.90	4860.69	276.21	17.60	33820	16300	6.58	6.96	3.17	3.35

4.3.2 生命周期视野下的环境效益

1.资源消耗

对于水稻和玉米生产，农资子系统占总不可再生能量的96.1%，其中N肥生产占不可再生能总量的68.3%～77.9%，其次是机械、电力和农药(表4-5)。与水

表4-5 每吨粮食产量的不可再生能量(NRER)和水资源消耗(WRD)

影响种类	项目	水稻$_{2006}$		水稻$_{2015}$		玉米$_{2006}$		玉米$_{2015}$	
		农资	农作	农资	农作	农资	农作	农资	农作
每吨粮食不可再生能量(MJ)	机械	652	0	820	0	493	0	535	0
	柴油	88	176	108	216	246	0	89	178
	电力	446	0	614	0	0	0	129	0
	N	3218	0	3512	0	3033	0	3609	0
	P_2O_5	40	0	70	0	37	0	57	0
	K_2O	0	0	24	0	0	0	23	0
	农药	91	0	179	0	83	0	176	0
	小计	4535	176	5327	216	3892	0	4618	178
	总计	4711		5543		3892		4796	
每吨粮食水资源消耗(m^3)	灌溉渠	0.17	0	0.18	0	0	0	0.04	0
	机械	0.02	0	0.02	0	0.01	0	0.02	0
	N	4.30	0	4.7	0	4	0	4.8	0
	P_2O_5	0.41	0	0.72	0	0.38	0	0.59	0
	K_2O	0	0	0	0	0	0	0	0
	柴油	0.03	1.19E-03	0.04	1.19E-04	0.03	1.17E-04	0.03	1.15E-04
	电力	0.09	0	0.13	0	0	0	0.03	0
	农药	1.13E-03	0.04	2.51E-03	0.07	9.36E-04	0.04	2.41E-03	0.07
	水利	0	784	0	771	0	421	0	414
	种子	27	0	25	0	2	0	1.7	0
	小计	32	784	31	771	6.4	421	7.3	414
	总计	816	801	428	421				

稻相比，玉米生产的不可再生能量投入低 12.8%～13.6%。在农作子系统中，作物种植是水资源消耗的主要因素，其次是氮肥生产消耗的水资源。然而，农资子系统对总的水资源消耗的贡献很小，农作子系统贡献 96.1%～98.5%，主要是灌溉用水。与水稻产量相比，由于种植模式的改变和灌溉率的降低，玉米生产的用水量降低了 47%，平均每吨节水 380 m^3。

2. 污染物排放的特征化

比较水稻和玉米生产，生命周期评价各影响种类的结果差距较大(图 4-2；表 4-6)。与 2006 年和 2015 年水稻生产相比较，玉米的生命周期评价各影响指标结果为：温室气体排放降低 75.7%～80.2%，人体毒性潜力降低 25.1%～36.7%，水体毒性潜力降低 28.2%～55.4%，土壤毒性潜力降低 23.6%～81.8%，而玉米的酸化潜力和富营养化潜力评估结果均高于水稻。从中还可以看出，2015 年较 2006 年，温室气体排放，人体、水体和土壤毒性的减排幅度在降低，而酸化和富营养化潜力在增加。

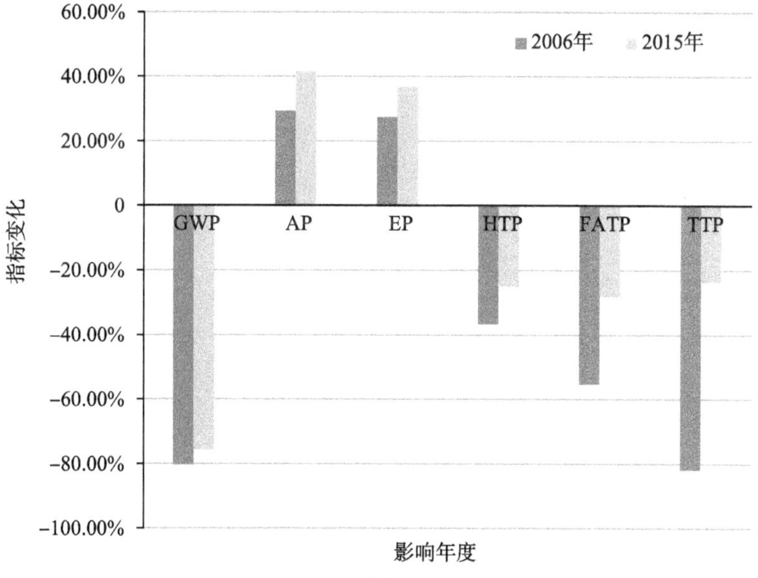

图 4-2　2006 年和 2015 年的环境影响种类指标结果相对于基线表示(未实施 PLDL)

注：负值反映了影响的减少(即改善)，正值反映了影响的增加(即恶化)。

GWP、AP、EP、HTP、FATP、TTP 定义见表 4-2。

表 4-6　水稻和玉米每吨粮食产量的影响种类指标结果

影响种类	单位	水稻$_{2006}$			水稻$_{2015}$			玉米$_{2006}$			玉米$_{2015}$		
		农资系统	农作系统	总计	农资系统	农作系统	总计	农资系统	农作系统	总计	农资系统	农作系统	总计
全球变暖潜力(GWP)	kg CO_2 eq	533	2152	2686	599	2134	2733	373	158	531	477	186	663
酸化潜力(AP)	kg SO_2 eq	4	10.2	14.3	5.1	11.2	16.3	3	15.5	18.5	4.7	18.5	23.1
富营养化潜力(EP)	kg PO_4^{2-} eq	0.9	4.3	5.3	1.2	4.8	6	0.7	6	6.7	1.1	7.1	8.2
人体毒性潜力(HTP)	kg 1,4-DCB eq	0	218	218	0	188	188	0	138	138	0	141	141
水体毒性潜力(FATP)	kg 1,4-DCB eq	0	84.7	84.7	0	19	19	0	37.8	37.8	0	13.6	13.6
土壤毒性潜力(TTP)	kg 1,4-DCB eq	0	13.6	13.6	0	2.7	2.7	0	2.5	2.5	0	2.1	2.1

水稻和玉米生产的全球变暖潜力均以农作子系统的田间排放和农资子系统的氮肥生产为主。2006—2015 年每吨水稻总温室气体排放量从 2686 kg CO_2 eq 增加到 2733 kg CO_2 eq。每吨玉米的温室气体排放也有所增加，从 531 kg CO_2 eq 增加到 663 kg CO_2 eq。由此可见，随着玉米替代水稻，农田从甲烷的源变成了汇，PLDL 项目实现了温室气体排放的大幅减少(Hu 等，2013 年；Harada 等，2007 年)。

水稻和玉米生产的酸化潜力主要是由于农作子系统中的氨挥发。2006—2015 年氮肥投入的增加导致两种生产模式的酸化潜力均有所增加。但玉米生产中的氨挥发系数高于水稻，2006—2015 年总酸化潜力值有所增加。与酸化潜力相似，富营养化潜力主要与农作子系统有关，主要以氨挥发和氮淋失为主。与水稻生产相比，2006 年和 2015 年每吨玉米的总富营养化潜力分别增加了 27.5%和 36.8%(表 4-7)。

农药和重金属是影响人体毒性潜力、水体毒性潜力和土壤毒性潜力的两个主要因素(图 4-3，表 4-7)。在本研究中，水稻的三种毒性潜力均高于玉米，因为杀虫

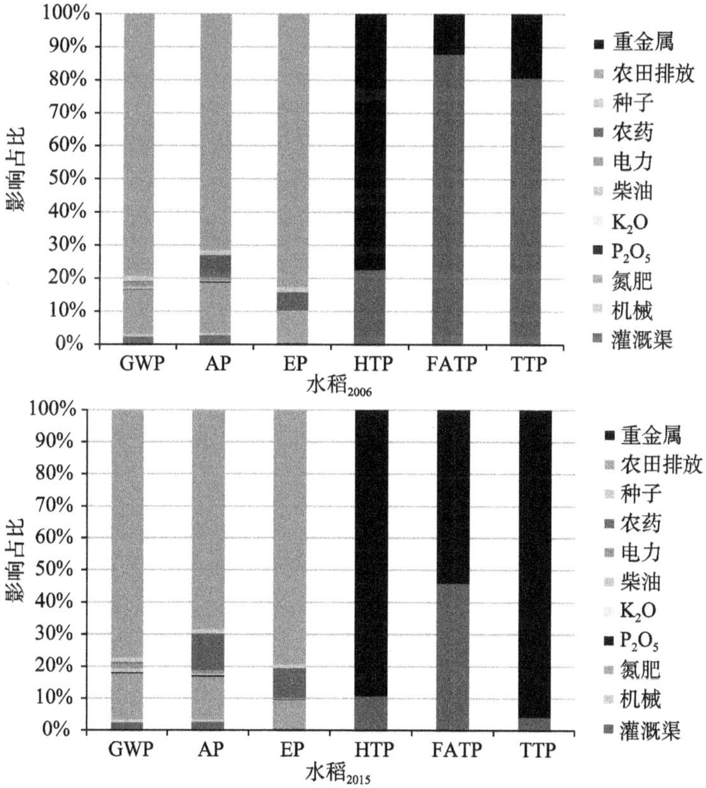

图 4-3 不同投入要素对每吨粮食生产的潜在影响

注：GWP、AP、EP、HTP、FATP、TTP 定义见表 4-2。

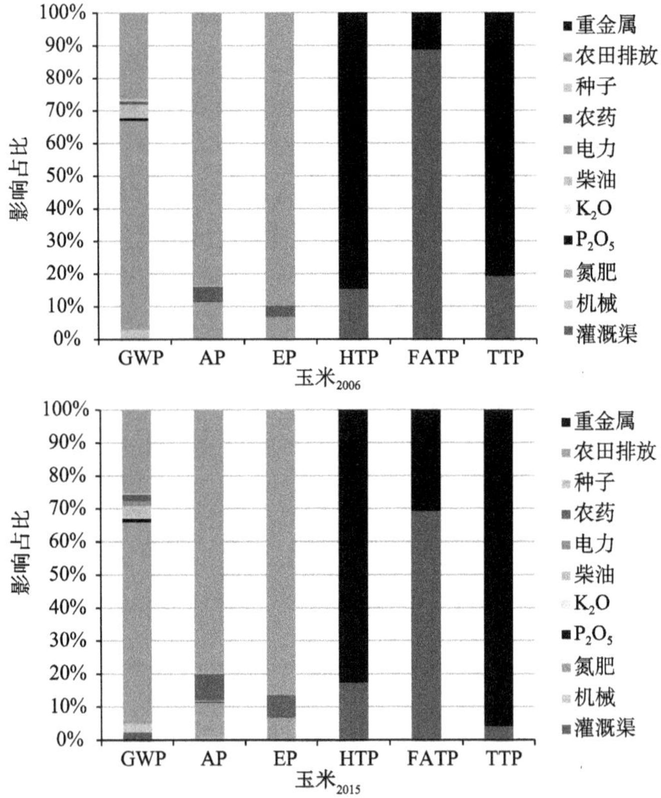

续图 4-3

剂、除草剂和杀菌剂的使用量较多，另外水稻生产灌溉过程中输入的重金属负荷较高。调查数据显示，与 2006 年相比，2015 年水稻和玉米生产使用了更多的农药。然而，在 2015 年，施用的低毒农药中活性成分的毒性较低。因此，人体毒性潜力、水体毒性潜力和土壤毒性潜力随时间的推移而下降。图 4-3 显示了两种作物生产系统的毒性影响，水稻和玉米系统的人体毒性潜力影响因素以重金属为主。对于水体毒性潜力，2006—2015 年由重金属引发的毒性潜力均保持相对稳定（表 4-7），农药的使用是主要因素。2006 年由于使用了毒性较高的农药（如三唑唑、阿特拉津、醋酸酯），水体毒性潜力每吨水稻和玉米数值分别为 74.37 kg 和 33.55 kg 1,4-DCB eq。通过限制这些高毒性农药的使用，2015 年的水体毒性潜力值降低，每吨水稻和玉米分别降至 8.74 kg 和 9.46 kg 1,4-DCB eq。关于土壤毒性潜力，主要是指对陆地生态系统的毒性潜力，由于用量和毒性降低等，在 2006 年至 2015 年期间出现了大幅下降（表 4-7）。

表 4-7 不同因素对粮食生产影响种类指标结果的贡献

作物	因素	2006 年						2015 年					
		GWP	AP	EP	HTP	FATP	TTP	GWP	AP	EP	HTP	FATP	TTP
水稻	灌溉渠	61.85	0.40	0.029	0	0	0	66.29	0.42	0.031	0	0	0
	机械	20.97	0.10	0.005	0	0	0	26.36	0.12	0.006	0	0	0
	氮肥	360.35	2.19	0.492	0	0	0	393.36	2.20	0.537	0	0	0
	P_2O_5	4.57	0.03	0.004	0	0	0	7.92	0.06	0.006	0	0	0
	K_2O	0	0	0	0	0	0	2.59	0.02	0.002	0	0	0
	柴油	23.61	0.06	0.005	0	0	0	29.00	0.07	0.006	0	0	0
	电力	34.03	0.13	0.013	0	0	0	46.80	0.18	0.018	0	0	0
	农药	6.43	0.95	0.285	49.20	74.37	10.99	12.63	1.86	0.561	20.14	8.74	0.11
	种子	40.45	0.24	0.079	0	0	0	37.53	0.22	0.073	0	0	0
	农田排放	2133.34	10.24	4.364	0	0	0	2110.36	11.17	4.764	0	0	0
	重金属	0	0	0	169.28	10.33	2.62	0	0	0	168.11	10.26	2.60
	总计	2685.58	14.32	5.275	218.48	84.70	13.61	2732.84	16.33	6.004	188.26	19.00	2.71
玉米	灌溉渠	0	0	0	0	0	0	16.29	0.10	0.008	0	0	0
	机械	15.83	0.07	0.004	0	0	0	17.20	0.08	0.004	0	0	0
	氮肥	339.72	2.06	0.464	0	0	0	404.15	2.45	0.552	0	0	0
	P_2O_5	4.22	0.03	0.003	0	0	0	6.48	0.05	0.005	0	0	0
	K_2O	0	0	0	0	0	0	2.54	0.02	0.002	0	0	0
	柴油	22.04	0.05	0.005	0	0	0	23.74	0.06	0.005	0	0	0

续表 4-7

作物	因素	2006 年						2015 年					
		GWP	AP	EP	HTP	FATP	TTP	GWP	AP	EP	HTP	FATP	TTP
玉米	电力	0	0	0	0	0	0	9.86	0.04	0.004	0	0	0
	农药	5.05	0.75	0.224	21.29	33.55	0.48	12.41	1.83	0.551	24.52	9.46	0.09
	种子	3.80	0.07	0.016	0	0	0	3.36	0.07	0.014	0	0	0
	农田排放	140.40	15.48	6.019	0	0	0	166.98	18.41	7.077	0	0	0
	重金属	0	0	0	116.91	4.27	2.01	0	0	0	116.51	4.18	1.98
	总计	531.02	18.52	6.734	138.20	37.81	2.49	663.02	23.11	8.221	141.03	13.64	2.07

注：GWP、AP、EP、HTP、FATP、TTP 的定义见表 4-2，单位见表 4-6。

表 4-8 水稻和玉米每吨粮食产量的标准化和加权结果

影响种类	特征化值				参考值	标准化值				权值	加权值			
	水稻$_{2006}$	水稻$_{2015}$	玉米$_{2006}$	玉米$_{2015}$		水稻$_{2006}$	水稻$_{2015}$	玉米$_{2006}$	玉米$_{2015}$		水稻$_{2006}$	水稻$_{2015}$	玉米$_{2006}$	玉米$_{2015}$
不可再生能量	4711.88	5543.51	3893.03	4797.42	72608	0.06	0.08	0.05	0.07	0.15	0.01	0.01	0.01	0.01
水资源消耗	816.42	801.49	427.52	421.12	452	1.81	1.77	0.95	0.93	0.13	0.23	0.23	0.12	0.12
全球变暖潜力	2685.58	2732.84	531.02	663.02	7864	0.34	0.35	0.07	0.08	0.12	0.04	0.04	0.01	0.01
酸化潜力	14.32	16.33	18.52	23.11	28.80	0.50	0.57	0.64	0.80	0.14	0.07	0.08	0.09	0.11
富营养化潜力	5.28	6.01	6.73	8.22	3.80	1.39	1.58	1.77	2.16	0.12	0.17	0.19	0.21	0.26
人体毒性潜力	218.48	188.26	138.20	141.03	197.20	1.11	0.95	0.70	0.72	0.14	0.16	0.13	0.10	0.10
水体毒性潜力	84.70	18.99	37.81	13.64	4.83	17.54	3.93	7.83	2.82	0.11	1.93	0.43	0.86	0.31
土壤毒性潜力	13.61	2.71	2.48	2.07	6.11	2.23	0.44	0.41	0.34	0.09	0.20	0.04	0.04	0.03
总计										1.00	2.81	1.16	1.44	0.95

3. 标准化和加权评估

在标准化阶段中，每一项环境影响指标的结果都以2010年的中国人均环境负荷均值作为参考值进行标准化计算(表4-8)。结果表明，水资源消耗、富营养化潜力和水体毒性潜力是水稻和玉米生产的三大环境负担。2006年和2015年，水稻的水资源消耗标准化结果分别为1.81和1.77，玉米数值分别为0.95和0.93。虽然玉米标准化值低于水稻，但这些值仍接近于人均年水资源消耗负荷。水稻和玉米的富营养化潜力标准化结果分别从2006年的1.39和1.77增加到2015年的1.58和2.16。这一组数据意味着，这期间每吨水稻、玉米的富营养化风险分别为中国人均水平的139%、177%、158%和216%。相比之下，水稻和玉米水体毒性潜力的标准化结果从2006年的17.54和7.83下降到2015年的3.93和2.82。尽管如此，水体毒性潜力的风险仍然很高。

加权评估就是将标准化后的结果乘以相应的权重值，并对所有值进行求和归一化。结果表明，2006年和2015年，水稻的归一化结果分别为2.81和1.16，玉米的分别为1.44和0.95(表4-8)。与水稻相比，通过稻改旱，2006年玉米生产的总环境负荷降低了48.8%，2015年降低了17.7%。

4.3.3　经济效益的变化和波动

2006年水稻和玉米生产的净利润分别为13425元·hm^{-2}和16275元·hm^{-2}(表4-9)。根据PLDL项目，政府对玉米生产补贴6750元·hm^{-2}，为玉米提高净利润2850元·hm^{-2}做出了重要贡献。然而2015年结果发生了变化，即使有政府补贴，玉米生产的净利润也较低。玉米生产净利润下降的原因是水稻市场价格提升，2006年至2015年从2000元·t^{-1}左右增加到3000元·t^{-1}。相比之下，同期玉米的市场价格仅从1500元·t^{-1}增加到1800元·t^{-1}。

表4-9　2006—2015年水稻和玉米产量的成本效益分析　　元·hm^{-2}

项目	水稻$_{2006}$	玉米$_{2006}$	水稻$_{2015}$	玉米$_{2015}$
投入				
种子	600	450	1050	825
机械	600	600	900	900
肥料	2250	2100	2850	2700
农用化学品	150	150	300	300
电力	225	0	450	75
总计	3825	3300	5550	4800

续表 4-9

项目	水稻$_{2006}$	玉米$_{2006}$	水稻$_{2015}$	玉米$_{2015}$
产出				
粮食	16800	12825	25650	15660
秸秆	450	0	675	0
补贴	0	6750	0	8250
总计	17250	19575	26325	23910
净利润	13425	16275	20775	19110
平衡	2850		−1665	

4.3.4 生态效益和社会效益变化

根据 PLDL 项目，2006 年每公顷生态服务效益为 17457 元，2015 年为 17353 元(表 4-10)。关于社会指标，2006 年无论家庭是否参加了 PLDL 项目，他们都能获得类似的收入。参与 PLDL 项目的家庭获得的非农收入的比例略高(78.35% 比 75.87%)(表 4-11)。然而，到 2015 年参与 PLDL 项目的家庭收入要高得多(26270 元，相比之下，未参与 PLDL 项目农户收入是 22355 元)，这主要是项目参与农户来自非农业收入更高(参与户非农收入占收入的 89.06%，相比之下，非参与农户相应数值是 80.91%)。

表 4-10　水稻和玉米生产的生态系统服务效益和农业生产效益

子系统	项目	单位	2006 年	2015 年
生态系统服务效益	水稻用水	$m^3 \cdot hm^{-2}$	6858	6853
	玉米用水	$m^3 \cdot hm^{-2}$	3655	3664
	节水	$m^3 \cdot hm^{-2}$	3203	3189
	效益	元$\cdot m^3$	5	5
	总计	元$\cdot hm^{-2}$	16013	15945
	水稻 GWP 排放	$t \cdot hm^{-2}$	22.59	23.37
	玉米 GWP 排放	$t \cdot hm^{-2}$	4.54	5.77
	GWP 减少	$t \cdot hm^{-2}$	18.05	17.60
	效益	元$\cdot t^{-1}$	80	80
	总计	元$\cdot hm^{-2}$	1444	1408
	总计		17457	17353

续表 4-10

子系统	项目	单位	2006 年	2015 年
农业生产效益	水稻成本	元·hm^{-2}	3825	5550
	水稻利润	元·hm^{-2}	17250	26325
	水稻净利润	元·hm^{-2}	13425	20775
	玉米成本	元·hm^{-2}	3300	4800
	玉米利润	元·hm^{-2}	12825	15660
	玉米净利润	元·hm^{-2}	9525	10860
	差额	元·hm^{-2}	−3900	−9915
政府	补贴	元·hm^{-2}	6750	8250

表 4-11 参与和未参与 PLDL 项目的家庭收入

年份	来源	参与家庭		未参与家庭	
		收入(元)	百分比(%)	收入(元)	百分比(%)
2006	农业收入	2992	21.65	3330	24.13
	非农收入	10830	78.35	10470	75.87
	总计	13822	100	13800	100
2015	农业收入	2875	10.94	4268	19.09
	非农收入	23395	89.06	18087	80.91
	总计	26270	100	22355	100

4.3.5 归一化后的综合效益

利用式(4-4)对能量、环境、经济和生态效益进行归一化。2006 年 PLDL 项目效益的综合指数为 1.33,2015 年为 0.78。由此可见,随着时间的推移,PLDL 项目的总体影响仍然是积极的。然而,总体效益有所下降,其中环境方面的下降最为显著(表 4-12)。

表 4-12 2006 年和 2015 年 PLDL 项目每公顷归一化效益

项目	能量效益	环境效益	经济效益/元	生态效益/元	综合指数
2006 年	1.16	11.28	2850	17457.15	
2015 年	0.82	1.61	−1665	17353.00	
参考值	2.64	7.15	6195	6114.30	
加权值	0.25	0.25	0.25	0.25	
指数 (2006 年)	0.11	0.39	0.12	0.71	1.33
指数(2015 年)	0.08	0.06	−0.07	0.71	0.78

4.4 对生态工程的反思

4.4.1 农业生态系统的能量效率

玉米产量的能量利用效率高于水稻，这是 PLDL 项目的一个好处。然而，随着时间的推移，两个系统的能量利用效率都有所下降，因为资源持续投入超出其阈值之后收益不会与投入成正比。如以节水为目标的 PLDL 项目的生命周期评价结果(表 4-7)所示，农业生产的集约化在实现节水目标的同时，也引起了酸化、富营养化等其他系列环境问题。

减少能量投入和提高能量利用效率都可以支持可持续发展，这是全世界的共识(Khan 等，2009；Alluvione 等，2011；陈冬冬等，2008；Deike 等，2008；Erdal 等，2007；Gelfand 等，2010；Hülsbergen 等，2001；Jose，2009；林惠凤等，2016；刘巽浩，1982，1982；Swanton 等，1996；Ye 等，2002)。Ju 等(2006)、Zheng 等(2013)以及 Ju 等(2014)均指出，华北平原地区的农业投入水平往往高于其他地区。刘巽浩(1984，1984)、张翼等(2015)、Yuan 和 Peng 等(2017)也进行了有关中国农业生产相关的能量利用效率综合评估。20 世纪 80 年代的早期，相关研究提出了关于增加能量投入以提高能量利用效率的建议。然而，到了 20 世纪 90 年代，在一些高产地区，尽管增加了有机和无机能的投入，作物产量却仍然停滞不前(陈冬冬等，2008；Ju 等，2006；梁龙等，2011；Liu 等，2010；Ye 等，2002)。许多研究表明，作物集约化生产的边际效益递减趋势超过临界阈值(林惠凤等，2016；Khan 等，2009；Ye 等，2002)。刘巽浩等(2013)分析了过去近 50 年中国集约化农业的碳效率。本研究利用这些数据，对 1952—2010 年间中国农业生态系统的能量投入和能量利用效率进行了评估(表 4-13)。本节重点介绍几个主要的变化。首先，无机能投入的比例大幅增加，从总能量投入的 1.4%增加到 71.2%，而有机能量投入的比例相应下降。其次，自 1950 年以来，能量利用效率已经大幅增加。以 1952 为基线值 1，总投入和粮食产量的增长率如图 4-4 所示。结果表明，从 1952 年至 1980 年，总投入和粮食产量的增长率成正比。然而，这种关系在 20 世纪 90 年代被打破了。与 1952 年相比，1995 年的总能量投入增加了 4.4 倍，而粮食产量仅增加了 3.8 倍。差距进一步扩大，在 2010 年分别达到 7.7 倍和 4.5 倍(图 4-4)。这一趋势表明，自 20 世纪 90 年代以来，能量利用效率的增长速度落后于能量投入速度。Zhang 等(2015)及 Yuan 和 Peng 等(2017)的研究证实了这一趋势。

表 4-13　1952—2010 年中国农业生态系统的能量投入-产出

项目	原始投入值					系数	系数折算值				
	1952 年	1965 年	1980 年	1995 年	2010 年		1952 年	1965 年	1980 年	1995 年	2010 年
动力机械(kg)	0.65	2.32	32.90	85.48	251.61	210MJ kg^{-1}	135.48	487.74	6909.68	17951.61	52838.71
灌溉设备(kg)	0	0.90	6.00	9.23	16.52	210 MJ kg^{-1}	2.71	189.68	1260	1937.42	3468.39
拖拉机(kg)	0.1E-02	0.84	10.45	40.32	152.9	210 MJ kg^{-1}	0.27	176.13	2194.84	8467.74	32109.68
水泵(kg)	0	0.19	1.42	2.77	6.19	210 MJ kg^{-1}	0	40.65	298.06	582.58	1300.65
柴油机(kg)	1.33	10.24	27.41	40.96	75.9	45 MJ kg^{-1}	59.64	460.84	1233.43	1843.37	3415.66
电力(kWh)	1.74	40.22	116.30	150	185.87	12.50MJ kWh^{-1}	21.74	502.72	1453.80	1875	2323.37
N(kg)	0.71	14.31	70.36	155.04	192.94	91 MJ kg^{-1}	64.21	1302.62	6403.02	14108.67	17557.86
P_2O_5(kg)	0	1.76	22.91	59.03	91.63	13.30 MJ kg^{-1}	0	23.44	304.67	785.11	1218.68
K_2O(kg)	0	0	5.17	32.76	77.59	9 MJ kg^{-1}	0	0	46.55	294.83	698.28
农药(kg)	0.06	0.53	1.06	5.93	9.42	102 MJ kg^{-1}	6.20	54.26	108.51	604.56	961.09
无机能小计							290.25	3238.07	20212.57	48450.90	115892.36
人工(d)	419.77	437.20	411.63	225.58	88.37	11.70 MJ d^{-1}	4911.28	5115.35	4816.05	2639.30	1033.95
畜力(d)	65.00	65.00	60.48	57.74	25	84 MJ d^{-1}	5460	5460	5080.65	4850.32	2100
种子(kg)	101.69	110.17	127.12	97.46	87.29	16 MJ kg^{-1}	1627.12	1762.71	2033.90	1559.32	1396.61
肥料(kg)	565.00	643.00	852	1243	1203	13.50 MJ kg^{-1}	7627.50	8680.50	11502	16780.50	16240.50
秸秆(kg)	86.00	216.00	620	1314	1928	13.50 MJ kg^{-1}	1161	2916	8370	17739	26028
有机能小计							20786.9	23934.56	31802.59	43568.45	46799.06
总计							21077.15	27172.63	52015.16	92019.34	162691.43
粮食(kg)	1716	2160	4133	6570	7710	16 MJ kg^{-1}	27457.63	34562.71	66128.81	105125.42	123349.15
秸秆(kg)	1716	2160	4133	6570	7710	13.50 MJ kg^{-1}	23166	29160	55795.50	88695	104085
无机能量/有机能量							0.01	0.13	0.62	1.11	2.47
粮食/总投入							1.32	1.44	2.07	2.41	2.64

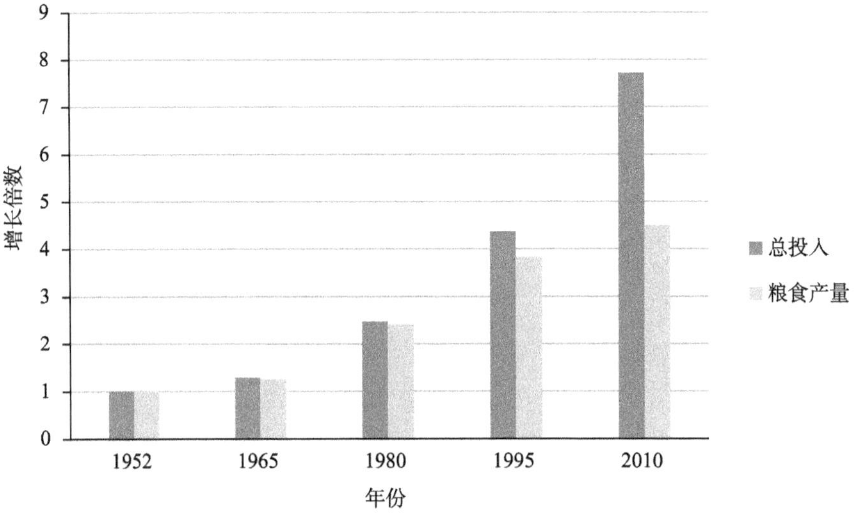

图 4-4　中国农业生态系统相对于 1952 年的总能量投入和粮食产量的增长情况

与其他国家相比，中国的农业能量利用效率仍有很大的提高空间。本研究中，水稻生产的能量利用效率范围为 2.60～3.05(表 4-4)，Lu 等(2010)的研究结果为 2.26。中国水稻生产系统的这些结果高于印度(0.79)、美国(1.42)和伊朗(1.52)，但远低于菲律宾(5.51)(Pimentel，2009；Pishgar-Komleh 等，2011；Quilty 等，2014)。至于玉米生产，对应值在 3.35～4.19(表 4-4)，高于伊朗(1.81)，几乎等于土耳其(3.8)和美国(4.11)，但远低于意大利(8.6)(Tabar 等，2010；Alluvione 等，2011；Canakci 等，2005；Pimentel，2009)。因此，对中国和其他许多国家来说，改善农业生态系统的能量利用效率仍然是一个重要的目标。

4.4.2　农业生态系统的环境效益

本研究中使用的生命周期评价方法略不同于其他研究人员采用的方法，因为所有的物质投入(机械生产和维护、灌溉设施等)被纳入研究(柴育红等，2011；黄坚雄等，2011；李贞宇等，2010；梁龙等，2009；卢娜等，2012)。结果表明，PLDL 项目下的部分指标(如 NRER、WRD、GWP、HTP)均较低。然而，其他指标仍然是未来农业结构调整中减少影响的优先选项(如 AP、EP 和 FATP)。虽然 PLDL 项目实现了节水的目标，但由于肥药投入增加，水质不太可能得到根本性改善，其中，化肥投入量偏高是造成 AP 和 EP 的主要原因。根据地方政府和参与 PLDL 项目的家庭签署的合同，化肥和农药的使用应该减少。然而，现实情况是，化肥的使用量在过去的十年中有所增加，其原因是用玉米取代水稻后农田土壤肥力下降，随着灌溉设施的停用，没有洪水和灌溉提供的淤泥导致肥力进一步下降，进而病虫害发病率增加。在这种情况下，增加化肥和农药的投入是缺乏农业技术知识的农民的普遍对策。PLDL 项目提供财政补贴以鼓励人们的参与，然而，如果当地农民也得到了更高水平的技术支持，PLDL 项目可能会取得更好的环境效果。

自 20 世纪 90 年代以来，生命周期评价已成为农业生态系统研究中一个重要的评估工具（Anderson 等，1994；Kramer 等，1999；Brentrup 等，2001，2004）。该方法在 20 世纪 90 年代末引入中国，此后得到了广泛应用（王明新等，2006；Cheng 等，2011；Huang 等，2013；李贞宇等，2010；梁龙，2009；梁义成等，2013；Liu 等，2010；卢娜等，2012；Xia 等，2011；Wang 等，2014；Wang 等，2015；Wang 等，2016；Zhang 等，2013）。但是，大多数研究人员主要研究单一的影响种类（如 GWP、AP 和 EP）。然而，生命周期评价之所以进行全生命周期的多指标评估，一个重要目标是避免过度关注单一指标。PLDL 项目的生命周期评价结果说明，当旨在解决一个环境问题的时候，可能会无意中引发其他环境问题。因此，中国和其他国家都应该鼓励在使用多元环境指标的情况下更多地应用生命周期评价法。

4.4.3 生态效率和生态系统服务支付

生态效率是一种经济活动对自然影响的效率表达。它由“产品或服务效益/环境影响”的比率表示（OECD，1998）。生态效率计算的环境影响指标通常包括能量使用、资源使用、水资源消耗和温室气体排放等（Verfaillie 等，2000）。近年来，使用生命周期评价法来评估生产系统、产品或服务的生态效率受到较多关注（Basset-Mens 等，2009；Bleischwitz，2003；Kulak 等，2013，2016；Müller 等，2015；Pelletier 等，2008；Thanawong 等，2014）。对于 PLDL 项目，LCA 结果表明，一些环境指标有所改善，而个别环境指标则有所恶化（表 4-7 和表 4-8）。但是，加权后生命周期评价结果表明，总体环境效益有所改善（表 4-8）。因此，可以得出结论，PLDL 项目整体提高了生态效率。

在中国，生态系统服务（PES）支付通常被称为生态补偿（董文福等，2007；林惠凤等，2016；刘纲，2012；Zheng 等，2013）。向参与 PLDL 项目的家庭提供的补贴是一种旨在增加水资源可利用率的生态补偿。在本研究中，两项生态系统服务被货币化计量，即全球变暖潜力和水资源消耗（表 4-10）。2006 年和 2015 年，PLDL 项目的生态服务效益分别为 17457 元·hm^{-2}·年$^{-1}$和 17353 元·hm^{-2}·年$^{-1}$，其中补贴金额分别为 6750 元·hm^{-2}·年$^{-1}$和 8250 元·hm^{-2}·年$^{-1}$。由于补贴金额不到预期生态效益的 50%，因此，部分学者认为，可以根据市场变化，提高补偿标准继续实施该方案(崔嘉文,2014;林惠凤等,2016;Zheng 等,2013)。在 2015 年的调研中,许多参与 PLDL 项目的家庭表示,水稻和玉米之间的市场价格差异意味着,如果没有政府补贴,他们很可能会重新开始种植水稻。当然,任何退出 PLDL 项目的行为都会增加当地水资源的压力,造成生态环境的持续恶化。

4.4.4 就业机会和经济收入

在实施 PLDL 项目的地区,农户持有的农业生产规模相当小(约 0.25hm^2)。因此,与 PLDL 项目相关的收入(包括补贴)不足以改善生计。2015 年,农业收入仅占家庭总收入的 10%~20%(表 4-11)。对于大多数参与 PLDL 项目的家庭来说,生计的真正改善来自非农就业导致收入的增加。2006 年参与和未参与 PLDL 项目家庭非农就业人数基本相当;2015 年参与 PLDL 项目家庭平均有 1 人以上从事非农就业(图 4-5)。根据面对面的调查数据显示,高达 86%的农民希望获得这样的就业机会。虽然改善生计可能是实施 PLDL 项目的最初理由之一,但根据地方资源禀赋和地域优势,发展新产业新业态可能会为这一目标做出更大的贡献。

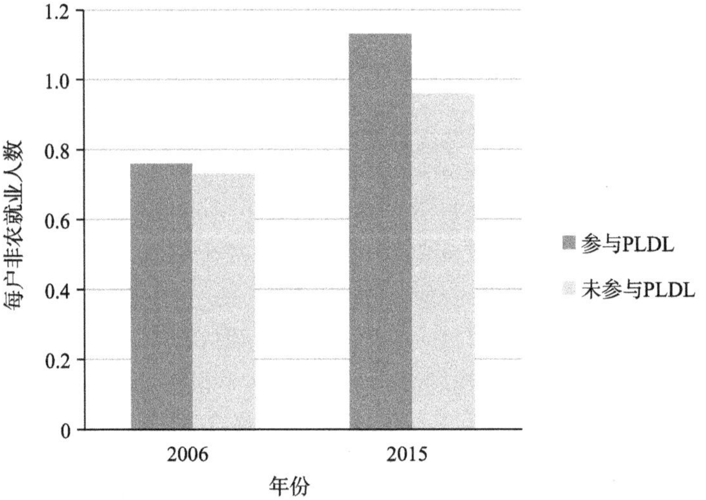

图 4-5 参与 PLDL 和未参与 PLDL 项目的家庭非农就业人数

4.5 生态工程利大于弊

2006—2015 年北京和河北省共同推动了一项农业工程项目(PLDL 项目),旨在提高当地农业社区的水资源利用率和改善家庭生计。本研究对能量效率、环境效益、生态系统服务以及家庭收入和就业影响方面的结果进行了广泛的评估。这种多指数的调查通常被认为是重要和必要的，因为旨在实现某一特定目标而采取的干预措施通常会产生更广泛的环境、社会和经济后果。

在政府补贴的支持下，可以认为PLDL项目是成功的，其主要目的是提高水资源利用率，因为玉米替代水稻种植后，水资源消耗几乎减少了一半，这对水资源奇缺的中国北方尤为重要。研究发现，政府补贴在鼓励家庭参与方面有一定影响。然而，家庭农业生产规模较小，来自农业生产的家庭收入比例较小，这意味着PLDL项目对直接改善家庭生计收效甚微。

除了提高水资源利用率，PLDL项目还使用改进后LCA方法评估了系列环境效益指标。然而，酸化潜力和富营养化潜力的结果令人担忧，这表明需要全面评估环境效益，以避免环境方面之间意外的负担转移。事后总结反思，如果PLDL项目除了为农民提供参与补贴外，还为农民提供技术支持，那么就可以更好地解决系列环境热点问题。当然，综合LCA结果表明，总体环境效益有所改善。从货币化的生态系统服务效益大大超过补贴的角度来看，PLDL项目也可以被视为成功。一个重要的溢出效益是，参与其中的家庭能够更多地参与非农业就业，这有助于提高家庭收入和减轻贫困。这项研究的一个重要发现是，旨在缓解水资源短缺的农业工程项目可以产生广泛的环境、经济和社会影响。

参考文献

中华人民共和国水利部，北京水务局. 北京水资源公报(2014). 北京：中国水利水电出版社，2015.

北京市统计局. 北京统计年鉴. 北京：中国统计出版社，2014.

柴育红，王明新，夏训峰. 河南省清丰县玉米测土配方施肥项目生命周期评价. 安徽农业科学，2011，39 (10)，5824-5827.

陈冬冬，高旺盛，隋鹏，等. 现代种植业系统及粮食生产能量转化效率的动态分析——以山前平原河北栾城县为例. 地理科学进展，2008，27(1)：99-104.

陈阜. 农业生态学. 北京：中国农业出版社，2011.

陈宗良，高金和，袁怡，等. 不同农业管理方式对北京地区稻田甲烷排放的影响研究. 环境科学研究，1992，5(4)：1-6.

崔嘉文. 密云水库上游地区生态补偿对农户生计影响的研究. 北京：北京林业大学，2014.

邓南圣，王小兵. 生命周期评价. 北京：化学工业出版社，2003.

董文福，李秀彬. 密云水库上游地区“退稻还旱”政策对当地农民生计的影响. 资源科学，

2007，29(2)：21-27.

段智源，李玉娥，万运帆，等. 不同氮肥处理春玉米温室气体的排放. 农业工程学报，2014，30(24)：216-224.

何音，蔡满堂. 京津冀地区资源环境压力与人口关系研究. 人口与发展，2016，22(1)：2-10.

黄坚雄，隋鹏，李媛媛，等. 湖南双季稻区耕作模式的环境影响评价. 中国人口·资源与环境，2011，21(11)：124-130.

李书华. 电动汽车全生命周期分析及环境效益评价. 吉林：吉林大学，2014.

李书田，金继运. 中国不同区域农田养分投入、产出与平衡. 中国农业科学，2011，44(20)：4207-4229.

李胜男，张建军，陈静，等. 农田生态系统服务及其效益量化研究进展. 河北农业科学，2016，20(3)：87-94.

李小冬，王帅，孔祥勤，等. 预拌混凝土生命周期环境影响评价. 土木工程学报，2011，44(1)：131- 137.

李贞宇，王旭，高志岭，等. 我国不同区域小麦施肥资源环境影响的生命周期评价. 农业环境科学学报，2010，29(7)：1417-1422.

梁龙. 基于LCA的循环农业环境影响方法探讨与实证研究. 北京：中国农业大学，2009.

梁龙，王大鹏，吴文良，等. 基于低碳农业的清洁生产与生态补偿——以山东桓台为例. 中国农业资源与区划，2011，32(6)：98-102.

梁龙，陈源泉，高旺盛. 我国农业生命周期评价框架探索及其应用——以河北栾城冬小麦为例. 中国人口·资源与环境，2009，19(5)：154-160.

梁义成，刘纲，马东春，等. 区域生态合作机制下的可持续农户生计研究——以“稻改旱”项目为例. 生态学报，2013，33(3)：693-701.

林惠凤，刘某承，熊英，等. 流域水资源保护补偿标准研究——以京冀“稻改旱”工程为例. 干旱区资源与环境，2016，30(3)：7-12.

刘纲. “稻改旱”对农户生计的影响——基于可持续生计分析框架的实证探索. 北京：中国地质大学，2012.

刘某承，孙雪萍，林惠凤，等. 基于生态系统服务消费的京承生态补偿基金构建方式. 资源科学，2015，37(8)：1536-1542.

刘巽浩. 我国不同地区农田生态系统能量转换效率的初步研究. 北京农业大学学报，1982，13(1)：47-54.

刘巽浩. 能量投入产出研究在农业上的应用. 农业现代化研究，1984，4：15-20.

刘巽浩，徐文修，李增嘉，等. 农田生态系统碳足迹法：误区，改进与应用——兼析中国集约农作碳效率. 中国农业资源与区划，2013，34(6)：1-11.

卢娜，曲福田，冯淑怡. 太湖流域上游地区不同施肥技术下水稻生产对环境的影响分析——基于生命周期评价方法. 南京农业大学学报(社会科学版)，2012，12(2)：44-48.

王明新，包永红，吴文良，等. 华北平原冬小麦生命周期环境影响评价. 农业环境科学学报，

2006，25(5)：1127-1132.

徐小明. 吉林西部水田土壤碳库时空模拟及水稻生产的碳足迹研究. 吉林：吉林大学，2011.

杨亚男，张晓惠，陈红，等. 我国北方立体种养殖稻田氮素利用率研究. 中国生态农业学报，2015，23(7)：812-822.

杨海雪. 小麦-玉米体系农田重金属流与阈值分析. 北京：中国农业大学，2013.

张剑波，邵可声，李智，等. 北京地区春季稻稻田甲烷排放的研究. 环境科学，1994，15(5)：23-26.

张倩. 水稻田系统重金属流及其阈值分析. 北京：中国农业大学，2013.

张翼，岳玉波；赵峥，等. 不同施肥方式下稻田氮磷流失特征. 上海交通大学学报(农业科学版)，2015，33(1)：1-7.

仲艳维. 潮白河流域水土保持效益评价及生态补偿制度构建研究. 北京：北京林业大学，2014.

Alluvione F，Moretti B，Sacco D，et al. EUE (energy use efficiency) of cropping systems for a sustainable agriculture. Energy，2011，36：4468-4481.

Anderson K，Ohlsson T，Olsson P. Life Cycle Assessment (LCA) of food products and production systems. Trends. Food Sci. Technol.，1994，5：134-138.

Andersson E，Nykvist B，Malinga R，et al. A social ecological analysis of ecosystem services in two different farming systems. Ambio，2015，44：S102-S112.

Basset-Mens C，Ledgard S，Boyes M，Eco-efficiency of intensification scenarios for milk production in New Zealand. Ecol. Econ.，2009，68：1615-1625.

Bleischwitz R. Cognitive and institutional perspectives of eco-efficiency. Ecol. Econ.，2003，46：453-467.

Blengini G A，Busto M. The life cycle of rice：LCA of alternative agri-food chain management systems in Vercelli (Italy). J. Environ. Manag.，2009，90：1512-1522.

Brentrup F，Küsters J，Kuhlmann H，et al. Application of the life cycle assessment methodology to agricultural production：an example of sugar beet production with different forms of nitrogen fertilisers. Eur. J. Agron.，2001，14：221-233.

Brentrup F，Küsters J，Kuhlmann H，et al. Environmental impact assessment of agricultural production systems using the life cycle assessment methodology：I. theoretical concept of a LCA method tailored to crop production. Eur. J. Agron.，2004，20(3)：247-264.

Canakci M，Topakci M，Akinci I，et al. Energy use pattern of some field crops and vegetable production：case study for Antalya region，Turkey. Energy Convers. Manag.，2005，46(4)：655-666.

Cheng K，Pan G X，Smith P，et al. Carbon footprint of China's crop production—an estimation using agro-statistics data over 1993-2007. Agric. Ecosyst. Environ.，2011，142：

231-237.

Chinnasamy P，Agoramoorthy G. Groundwater storage and depletion trends in Tamil Nadu State，India. Water Resour，Manag，2015，7：2139-2152.

Deike S，Pallutt B，Christen O. Investigations on the energy efficiency of organic and integrated farming with specific emphasis on pesticide use intensity. Eur. J. Agron，2008，28：461-470.

Erdal G，Esengün K，Erdal H，et al. Energy use and economic analysis of sugarbeet production in Tokat Province of Turkey. Energy，32，2007：35-41.

Gelfand I，Snapp S S，Robertson G P. Energy efficiency of conventional，organic，and alternative cropping systems for food and fuel at a site in the US Midwest. Environ. Sci. Technol.，2010，44：4006-4011.

Harada H，Kobayashi H，Shindo H. Reduction in greenhouse gas emissions by no-tilling rice cultivation in Hachirogata polder，northern Japan：life-cycle inventory analysis. J. Soil Sci. Plant Nutr，2007，53：668-677.

Hu X K，Su F，Ju X T，et al. Greenhouse gas emissions from a wheat-maize double cropping system with different nitrogen fertilization regimes. Environ. Pollut，2013，176：198-207.

Huang J，Ridoutt B G，Xu C C，et al. Cropping pattern modifications change water resource demands in the Beijing metropolitan area. J. Integr. Agric，2012，11(11)：1914-1923.

Huang J X，Chen Y Q，Sui P，et al. Estimation of net greenhouse gas balance using crop- and soil-based approaches：two case studies. Sci. Total Environ，2013，457：299-306.

Huijbregts M A J，Thissen U，Guinée J B，et al. Priority assessment of toxic substances in life cycle assessment. Part I：Calculation of toxicity potentials for 181 substances with the nested multi-media fate，exposure and effects model USES-LCA. Chemosphere，2000，41（4）：541-573.

Hülsbergen K-J，Feil B，Biermann S，et al. A method of energy balancing in crop production and its application in along-term fertilizer trial. Agric. Ecosyst. Environ，2001，86：303-321.

IPCC. Climate Change 2007：Mitigation. Cambridge University Press，United Kingdom /New York，NY，2007.

ISO 14040，Environmental management：Life cycle assessment，Principles and guidelines. International Organization for Standardization，Geneva，2006.

ISO 14042，Environmental management：Life cycle assessment，Requirements and guidelines. International Organization for Standardization，Geneva，2006.

Jose S. Agroforestry for ecosystem services and environmental benefits：an overview. Agrofor. Syst，2009，76：1-10.

Ju X T，Xing G X，Chen X P，et al. Reducing environmental risk by improving N management in intensive Chinese agricultural systems. Proc. Natl. Acad. Sci. USA, 2009, 106 (19): 3041-3046.

Ju X T, Kou C L, Zhang F S, et al. Nitrogen balance and groundwater nitrate contamination: comparison among three intensive cropping systems on the North China Plain. Environ. Poll, 2006, 143:117-125.

Ju X T, Gu B J. Status-quo, problem and trend of nitrogen fertilization in China. Plant Nutr. Fert. Sci, 2014, 20(4):783-795.

Kamali F P, Meuwissen M P, de Boer I J, et al. Evaluation of the environmental, economic, and social performance of soybean farming systems in southern Brazil. J. Clean. Prod, 2017, 142: 385-394.

Khan S, Hanjra A M. Footprints of water and energy inputs in food production-global perspectives. Food Policy, 2009, 34:130-140.

Kramer K J, Moll H C, Nonhebel S. Direct and indirect greenhouse gas emissions related to Dutch crop production system. Agric. Ecosyst. Environ, 1999, 72: 9-16.

Kulak M, Nemecek T, Frossard E, et al. Eco-efficiency improvement by using integrative design and life cycle assessment. the case study of alternative bread supply chains in France. J. Clean Prod, 2016, 112: 2452- 2461.

Kulak M, Nemecek T, Frossard E, et al. How eco-efficient are low-input cropping systems in Western Europe, and what can be done to improve their eco-efficiency? Sustainability, 2013, 5: 3722-3743.

Lal R. Research and development priorities in water security. Agron. J, 2015, 107(4): 1567-1672.

Liang L, Lal R, Du Z L, et al. Estimation of nitrous oxide and methane emission from livestock of urban agriculture in Beijing. Agric. Ecosyst. Environ, 2013, 170: 28-35.

Lin H C, Huber A, Julia G G, et al. Effects of changing farm management and farm structure on energy balance and energy-use efficiency-a case study of organic and conventional farming systems in southern Germany. Eur. J. Agron, 2016: 82.

Liu Y X, Langer V, Høgh-Jensen H J, et al. Life cycle assessment of fossil energy use and greenhouse gas emissions in Chinese pear production. J. Clean. Prod, 2010, 18 (14): 1423-1430.

Liu Y X, Langer V, Henning H J, et al. Energy use in organic, green and conventional pear producing systems-cases from China. J. Sustain. Agric, 2010, 34: 1-17.

Lu H F, Bai Y, Ren H, et al. Integrated emergy, energy and economic evaluation of rice and vegetable production systems in alluvial paddy fields: implications for agricultural policy in China. J. Environ. Manag, 2010, 91(12): 2727-2735.

Müller K, Holmes A, Deurer M, Clothier E B. Eco-efficiency as a sustainability measure for kiwifruit production in New Zealand. J. Clean. Prod, 2015, 106: 333-342.

Nemecek T, Dubois D, Huguenin-Elie O, et al. Life cycle assessment of Swiss farming systems: Ⅰ. integrated and organic farming. Agric. Syst, 2011, 104(3): 217-232.

OECD. Eco-efficiency, Organization for Economic Co-operation and Development. OECD, Paris, 1998.

Oudshoorn F W, Sørensen C A, de Boe I J. Economic and environmental evaluation of three goal-vision based scenarios for organic dairy farming in Denmark. Agric. Syst, 2011, 104: 315-325.

Pelletier N, Tyedmers P. Life cycle considerations for improving sustainability assessments in seafood awareness campaigns. Environ. Manag, 2008, 42: 918-931.

Pimentel D. Energy inputs and food crop production in developing anddeveloped nations. Energies, 2009, 2: 1-24.

Pishgar-Komleh S H, Sefeedpari P, Rafiee S. Energy and economic analysis of rice production under different farm levels in Guilan Province of Iran. Energy, 2011, 36(10): 5824-5831.

Quilty J R, Mckinley J, Pede V O, et al. Sandro J M. Energy efficiency of rice production in farmers' fields and intensively cropped research fields in the Philippines. Field Crop Res, 2014, 168: 8-18.

Sartoril L, Basso B, Bertoccol M, et al. Energy use and economic evaluation of a three year crop rotation for conservation and organic farming in NE Italy. Biosyst. Eng, 2005, 91(2): 245-256.

Sun S K, Wang Y B, Engel B A, et al. Effects of virtual water flow on regional water resources stress: a case study of grain in China. Sci. Total Environ, 2016, 550: 871-879.

Swanton C J, Murphy S D, Hume D J, et al. Recent improvements in the energy efficiency of agriculture: case studies from Ontario, Canada. Agric. Syst, 1996, 52: 399-418.

Tabar I B, Keyhani A, Rafiee S. Energy balance in Iran's agronomy (1990-2006). Renew. Sustain. Energy Rev, 2010, 14(2): 849-855.

Thanawong K, Perret S R, Basset-Mens C. Eco-efficiency of paddy rice production in Northeastern Thailand: a comparison of rain-fed and irrigated cropping systems. J. Clean Prod, 2014, 73: 204-217.

Van Calker K J, Berentsen P B M, De Boer I M J, et al. An LP-model to analyse economic and ecological sustainability on Dutch dairy farms: model presentation and application for experimental farm "de Marke". Agric. Syst, 2004, 82(2): 139-160.

Verfaillie H, Bidwell R. Measuring Eco-efficiency. A Guide to Reporting Company Performance. World Business Council for Sustainable Development, North Yorkshire. http://wbcsd.org, 2000.

Wang C, Liu X L, Gong T T, et al. Life cycle assessment of wheat-maize rotation system emphasizing high crop yield and high resource use efficiency in Quzhou County. J. Clean. Prod, 2014, 68: 56-63.

Wang X L, Dadouma A, Chen Y Q, et al. Sustainability evaluation of the large-scale pig farming system in North China: an emergy analysis based on life cycle assessment. J. Clean. Prod, 2015, 102: 144-164.

Wang X L, Wu X, Yan P, et al. Integrated analysis on economic and environmental consequences of livestock husbandry on different scale in China. J. Clean. Prod, 2016, 119:1-12.

Xia Y, Yan X. Life-cycle evaluation of nitrogen-use in rice-farming systems: implications for economically-optimal nitrogen rates. Biogeosciences, 2011, 8: 3159-3168.

Yao Z L, Huo H, Zhang Q, et al. Gaseous and particulate emissions from rural vehicles in China. Atmos. Environ, 2011, 45: 3055-3061.

Ye X J, Li Q S. A study on the energy input-output model of farmland ecosystems and its preliminary application. J. Biomath, 2002, 17(1): 104-109.

Yuan S, Peng S. Trends in the economic return on energy use and energy use efficiency in China's crop production. Renew. Sustain. Energy Rev, 2017, 70: 836-844.

Zhang W F, Dou Z X, He P, et al. New technologies reduce greenhouse gas emissions from nitrogenous fertilizer in China. Proc. Natl. Acad. Sci. USA, 2013, 110: 8375-8380.

Zhang X H, Pan H Y, Cao J, et al. Energy consumption of China's crop production system and the related emissions. Renew. Sustain. Energy Rev, 2015, 43: 111-125.

Zheng H, Robinson E B, Liang Y C, et al. Benefit, costs, and livelihood implication of a regional payment for ecosystem service program. Proc. Natl. Acad. Sci. USA, 2013, 110(41): 16681-16686.

第5章　中国北方温室西红柿生产氮足迹和氮效率

5.1　氮肥的多指标评价

氮在农业产量和质量方面扮演着重要的角色，对农业生态系统生产功能实现发挥至关重要作用（Chatzimpiros 和 Barles，2013；巨晓棠、谷保静，2014）。为了加快农业生产满足全球食品需求，从 20 世纪 50 年代起，氮肥施用量快速增长（张福锁等，2008；Zhang 等，2011）。根据国际肥料工业协会（IFA）统计数据，2014 年世界氮肥施用量为 1.1 亿 t，到 2020 年和 2050 年预计会达到 1.35 亿 t 和 2.36 亿 t。中国是世界氮肥施用增长最快的地区之一，从 1961 年占世界氮肥施用总量 5%，到 1980 年的 20%，2009 年的 29.7%，再到 2015 年的 32.9%（IFA，2016）。考虑到中国耕地面积仅占世界的 9%，如此巨大的施用量，固然支持了中国的农业生产，但也超过了作物的实际需求，对环境造成的巨大危害引起多方高度关注（Ju 等，2006，2007；韩鹏远等，2010；郭金花，2016）。

过量氮肥使用将会引起土壤酸化、地下水污染、水体富营养化和温室气体排放等一系列问题。为量化评估氮肥使用效率和环境影响，氮效率（nitrogen use efficiency，NUE）（Liu 等，2008；Godinot 等，2015，2016）、氮平衡（nitrogen balance，NB）（Ju 等，2011；Schröder 等，2003）、氮足迹（nitrogen footprint，NF）（Leach 等，2012；Pierer 等，2014）等相关指数和方法纷纷被创立。其中，氮足迹是一个新的指数和计量方法，用以表示系统、产品或者活动等因为人类行为引起的所有进入自然环境的活性氮，但不包括非活性的 N_2（Pierer 等，2014）。

Leach 等（2012）创建了第一个氮足迹计算模型并使用它计算了美国和尼德兰的氮足迹。此后，出现了一系列氮足迹研究。Leip 等（2013）评估了欧盟 12 种主要食品的氮足迹。Pierer 等(2014)计算了奥地利主要食品和饮食模式的氮足迹。Gu 等(2013)采用氮宏量平衡的方法计算了中国的氮足迹。Shibata 等(2014)构建氮足迹模型来评估日本人均流失到环境中的氮足迹。Shindoa 和 Yanagawa (2017)提出一种新的方法来计算日本食品的氮足迹。将氮足迹与生命周期评价(LCA)法结合,Xue 等(2016)计算了中国长江流域双季稻的氮足迹。虽然关于氮足迹的研究不断增多,但却没有统一通用的标准和方法,而且关于农业的氮足迹研究相对较少(Xue 等,2016;周博等,2016)。

比较而言,氮效率则广泛应用于农业生态系统(Leip 等,2011;Godinot 等,2015,2016)。Cassman 等(2002)评估了世界主要粮食作物如水稻、玉米、小麦生产的氮效率并提出了改进建议。Godinot 等(2016)评估了欧盟 27 个成员国的氮效率。张福锁等(2008)发现从 20 世纪 90 年代以来,中国粮食作物的氮效率低于世界平均水平,已经从 30%～35%降低到 20%～30%,甚至部分粮食生产低于 20%。因此,提高中国农业生产氮效率任务紧迫。但大部分研究焦聚于粮食作物生产,极少关注蔬菜生产系统(张福锁等,2008;Wang 等,2018)。

虽然氮足迹是评价产品或系统对环境的负荷,氮效率则是评价农业生产系统的氮利用效率,从不同方面衡量和评价氮投入的可持续利用指数,因此,这两个指数在一定程度上具有互补性。但迄今为止,很少有研究同时用这两个指数去评估农业作物系统。

温室蔬菜生产模式已经被世界广泛应用,而用生命周期评价法去评估其环境影响已经被世界各国广泛采用(Boulard 等,2011;Torrellas 等,2012;Sanyé-Mengual 等,2015;Khoshnevisan 等,2014)。具体到中国,从 2014 年开始,蔬菜种植面积和产量已经分别超过 2000 万 hm^2 和 7 亿 t,是农业生产的重要组成部分。其中,温室大棚的生产面积和产量分别超过 400 万 hm^2 和 2.5 亿 t,分别占总面积和产量的 20%和 35%,温室大棚的蔬菜产值占蔬菜产业总产值 60%以上(中国农业统计年鉴,2015)。但蔬菜产业中化学氮肥的施用量超过 600 万 t(Ti 等,2015),氮肥使用量超过作物需求的 5～6 倍(巨晓棠,谷保静,2014;Fan 等,2014)。因此,提高肥效管理的任务艰巨。

部分学者对蔬菜产业提高氮肥利用效率、减少环境污染做了相关研究。Ju 等(2006, 2007)对蔬菜产业降低农资投入做了宏观研究。He 等(2009),Song 等(2009)和任涛(2011) 则通过系列实验探索提高温室蔬菜产量和氮肥利用效率。一些指数包括氮效率、氮平衡、氮预算和氮流失等在农业研究中不同程度地加以应用。但如前所述,总体上在蔬菜领域应用较少。因此,本研究以中国最普及的温室西红柿生产为研究对象,进行氮足迹和氮效率比较分析,其目标是:①评估在较长时间内氮肥投入的变化；②比较常规温室和生态温室生产氮足迹和氮效率；③为生产者和政策制定者提供改进提升策略。

5.2 研究区域和研究方法

5.2.1 寿光和唐山概况

寿光位于山东省中部(118°44′～119°10′E 和 36°41′～37°19′N)，是中国北方温室大棚生产最为典型地区，年均降雨量、气温和蒸发量分别为 594 mm，12.5℃和 1346 mm，是典型的大陆性季风气候。该地区温室大棚种植面积约 2180 km^2，占耕地面积的 55%。在过去的十余年里，“一村一品”原则得到贯彻实施，标准化、规模化种植得到推行，是中国有名的“蔬菜之乡”。

生态温室大棚位于河北省唐山市丰润区(118°17′E，39°83′N)某农场，该区属于温暖半湿润大陆气候，年平均气温和降雨量为 10.8℃和 710 mm。中国农业大学功能农业研究中心从 2016 年在该区建立生态温室大棚，布置实验，监测温室生产的氮足迹和氮效率。

5.2.2 系统边界和功能单位

为量化氮足迹，从“摇篮到农场大门”的生命周期评价方法被采纳，系统边界包括农资生产、温室大棚的建造，以及温室大棚内的西红柿生产。农资生产包括农膜、化肥、畜禽粪便、农业机械、电力、柴油和农药等，系统边界包括生产、储存和运输到目的地等环节。温室大棚建设考虑到各种建设物质如钢筋、砂石、石灰、砖块、水泥，以及 PP、PVCH 和 LDPE 膜各种聚酯材料。至于氮排放，主要考虑各种材料生产中的 NO_x、N_2O、NH_3、NO_3 和 NH_4 等相关气体。至于农场生产，主要根据 He 等(2009)和任涛(2011)的实验监测，考虑生产季的 N_2O 排放、NH_3 挥发以及 NO_3^- 的淋溶(图 5-1)。功能单位是 1 t 西红柿。为量化氮效率，仅仅考虑农场生产子系统，包括无机肥和有机肥的投入及使用。

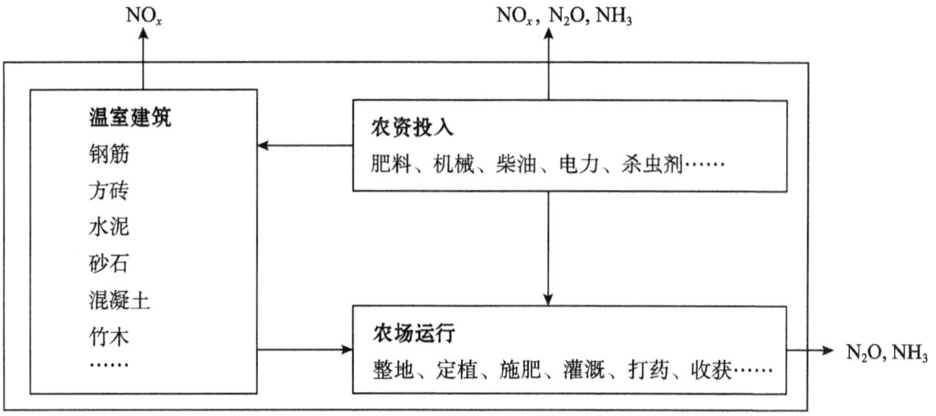

图 5-1 温室西红柿生产系统边界

5.2.3 资料来源

基础数据主要来源于中国农业大学在寿光市定期使用统一问卷对孙集、王高、古城、王家等四个乡镇的调研，调研内容包括种植面积、品种、施肥、灌溉、农药、机械、电力、人力投入、建筑折旧、成本投入以及产品销售价格等物质流和经济流(李俊良，2001；董章杭，2006；任涛，2011)。2016 年，中国农业大学功能农业研究中心采取面对面的方式，又对上述地区做了一次调研。在每个乡镇随机抽查 5 个村，每个村随机抽查 20 户农户。每次约有 300 份有效问卷，以此确定传统模式的基本投入产出。

常规温室种植模式生产数据，主要来自李俊良等(2001)，董章杭(2006)，He 等(2009)和任涛(2011)等在寿光实施的一系列实验。这些实验使用寿光当地最常用的温室大棚进行一年两茬种植，即冬春季(2—6 月)和秋冬季(8 月到来年 1 月)。通常，这些实验采用 4 个处理 3 个重复，即不施肥(CK)，施粪肥(MM)，当地农民的常规施肥模式(CM)，以及根据目标产量的优化模式(RM)。各种处理的氮足迹和氮效率根据两茬生产的投入取平均值为基数进行计算。

2016 年，中国农业大学功能农业中心在唐山丰润区某农场建了系列猪-沼-菜一体化的生态温室大棚，并仿效 He 等(2009)和任涛(2011)设置进行了系列实验，即同样是一年两茬，4 个处理 3 个重复。与他们不同的是实验在钢架结构的生态温室大棚进行，而且所有有机肥都来源于沼气池。沼渣沼液中的营养含量根据陈阜(2011)的研究成果计算，所有投入产出数据来源于实验记录。

5.2.4 氮足迹计算方法

根据 ISO 14044(ISO,2006)基于生命周期视角计算西红柿的氮足迹,具体计算根据式(5-1)。

$$NF_y=\frac{NF_{总}}{Y} \tag{5-1}$$

式中:NF_y是单位产品的氮足迹,g N·t^{-1};$NF_{总}$是根据式(5-2)计算的基于生命周期的西红柿生产总活性氮排放,g N·hm^{-2}·$季^{-1}$,具体包括农资生产、储存、加工过程氮排放,温室大棚建设和西红柿温室栽培全过程的氮排放,Y 是每茬单位面积总产量,t·hm^{-2}·$季^{-1}$。

$$NF_{总}=NF_{农资生产\text{-N}}+NF_{温室大棚\text{-N}}+NE_{N_2O\text{-N}}+NV_{NH_3-N}+NL_{NO_3^--N} \tag{5-2}$$

农资生产和温室大棚建设氮足迹根据式(5-3)进行计算。

$$NF_{农资生产/温室大棚\text{-N}}=\sum Q_{used_m}\times X_m\times F \tag{5-3}$$

式中:$NF_{农资生产/温室大棚\text{-N}}$是农资生产与温室大棚建设相关的活性氮直接排放总量,具体计算方法是每一种农资和温室大棚建设材料使用量(Q_{used_m})乘以相关的排放系数(X_m),该系数从 IKE eBalance v3.0 获取。F 是一系列 NO_x、N_2O、NH_3、NH_4^+ 和 NO_3^- 转化系数,分别是 0.467,0.636,0.824,0.778 和 0.226(如 NO_x 转化为 NO_x-N,N_2O 转化为 N_2O-N,等)。其中,在西红柿栽培季的农资投入包括肥、电、柴油、农药等是一次性投入,具体数量见表 5-1。但温室大棚具有不同的使用周期,因此,不同材质的温室大棚还要考虑其生命周期。本研究中,竹木和钢架结构温室分别设定为 10 年和 20 年使用周期,以有效使用面积计算其建设投入的氮足迹。至于肥料,化肥则考虑其生产、运输和使用的全过程氮足迹,粪肥因为直接从养殖场运回使用,仅考虑运输过程的氮足迹。

表 5-1 年温室大棚常规和优化模式下西红柿生产农资投入和产出

投入-产出	1998[a]		2004[b]		2010[c]		2016[d]	
	常规	优化	常规	优化	常规	优化	常规	优化
投入(kg·hm^{-2}·$季^{-1}$)								
农膜	305	305	240	240	223	223	192	192
无机氮肥	1331	300	942	204	625	210	341	113
有机氮肥	69	0	109	298	1085	231	2445	570
无机磷肥	1278	425	810	495	422	187	245	105

续表 5-1

投入-产出	1998[a]		2004[b]		2010[c]		2016[d]	
	常规	优化	常规	优化	常规	优化	常规	优化
有机磷肥	82	0	101	214	432	223	2310	413
无机钾肥	480	300	509	585	728	440	533	113
有机钾肥	51	0	57	105	994	180	1275	458
水(m^3)	7000	6000	6800	6400	6680	4550	7360	4650
电力(kWh)	1750	1500	1700	1600	1670	1137.5	1840	1162.5
柴油	42.8	22.4	52.1	104.8	248.4	90.4	294.8	28.4
杀虫剂	6	3	8.5	3.2	6	3.6	7	2.3
杀菌剂	42	20	63	22	48	18	22	3.8
农机	0	0	0	0	6.1	6.1	8.4	9.3
产出($t \cdot hm^{-2} \cdot 季^{-1}$)								
西红柿	67.6	66.3	89.1	92.7	104.8	106.1	135	157.5

注:a 和 c 来自李俊良等(2001)和任涛(2011),b 来自董章杭(2006)和 He 等(2009),d 来自梁龙等在河北唐山的实验数据。

温室大棚生产子系统的氮排放包括 N_2O 排放,NH_3 挥发和 NO_3^- 淋溶,这些要素的计算是无机和有机肥投入量乘以相关的排放系数。根据李俊良等(2001),He 等(2009)和任涛等(2011)的实验结果,常规模式(CM)N_2O-N 排放,NH_3-N 挥发和 NO_3^--N 淋溶系数分别取 N 投入的 0.97%,1.9% 和 29.4%,而优化模式(RM)则为 0.79%,1.38%和 22%。其中,$NE_{N_2O\text{-}N}$ 由于 N 投入引发的 N_2O 直接排放,根据式(5-4)计算($g\ N\ eq \cdot hm^{-2} \cdot 季^{-1}$);$NV_{NH_3\text{-}N}$ 是由于 N 投入引发的农田 NH_3 挥发,根据式(5-5)计算,$NL_{NO_3^-\text{-}N}$ 则是 N 淋洗,根据式(5-6)计算(Xue 等,2016)。

$$NE_{N_2O\text{-}N} = F_{N\text{-}input} \times \phi \tag{5-4}$$

$$NV_{NH_3\text{-}N} = F_{N\text{-}input} \times \beta \tag{5-5}$$

$$NL_{NO_3^-\text{-}N} = F_{N\text{-}input} \times \gamma \tag{5-6}$$

式中:$F_{N\text{-}input}$ 为每茬西红柿生产包括无机和有机肥投入在内的 N 肥施用量;ϕ,β 和 γ 分别是 N_2O-N 排放,NH_3-N 挥发和 NO_3^--N 淋溶系数。

5.2.5 氮效率指标

氮效率即氮肥利用率(NUE)有多种表述方式,包括氮肥农学利用率(agronomic efficiency，AE)，物理利用率(physiological efficiency，PE)，表观利用率(apparent recovery efficiency，ARE)和氮肥偏生产率(partial factor productivity，PFP)(Ti等，2015)。本研究中，ARE和PFP被采用来表述氮肥利用效率，根据式(5-7)(Cassman等，2002)和式(5-8)(Elia和Conversa，2012)来计算。

$$\mathrm{ARE}=\frac{U_{\mathrm{N}}-U_{0}}{F_{\mathrm{N\text{-}input}}}\times 100\% \tag{5-7}$$

$$\mathrm{PFP}=\frac{Y}{F_{\mathrm{N\text{-}input}}} \tag{5-8}$$

式中：ARE为在不同N肥投入模式下投入的氮肥被作物表观上吸纳的情况，%；PFP为每单位N肥投入收获的产品数量，kg·kg^{-1}；U_N为每季氮肥投入后作物吸纳的氮总量，kg·hm^{-2}·季$^{-1}$；U_0为在没有氮肥投入情况下作物吸纳的氮总量，kg·hm^{-2}·季$^{-1}$，Y为收获产品的数量，kg·hm^{-2}·季$^{-1}$；$F_{\mathrm{N\text{-}input}}$为总氮肥投入量，kg。研究中，仅仅考虑有经济效益的果实部分氮吸纳量，没有计算西红柿茎、叶和根等部分对氮的吸收量。此外，土壤的生物固氮、灌溉水和种子中的氮素在系统投入产出中均未考虑，因为相关文献显示这部分氮占总氮投入比例低于1%(Ju等，2011，2012)。

5.3 研究结果分析

5.3.1 肥料使用变化

温室西红柿生产的投入和产出见表5-1和图5-2。就常规模式(CM)而言，在过去的18年里产量几乎翻了一番，相对于1998年，2004、2010和2016年产量分别增加了32%、55%和99%。但肥料投入也发生巨大变化：其一，2016年相对于1998而言，包括N、P和K在内的肥料总投入增加了117%；其二，存在粪肥等有机肥替代无机化肥的趋势，以N肥投入为例，1998年源于粪肥的N投入仅为69 kg·hm^{-2}·季$^{-1}$，到2004、2010和2016年分别增长到109、1085和2445 kg·hm^{-2}·季$^{-1}$，与此相反，无机N肥从1998年的1331 kg·hm^{-2}·季$^{-1}$减少到2016年的341 kg·hm^{-2}·季$^{-1}$。

至于生态优化模式(RM)，实验研究的一个主要目标就是提高N管理。因此，优化模式的氮投入低于常规模式，总肥投入低于常规模式25%～75%，氮投入低52%～79%。但在1998、2004和2010年，RM和CM产量相当，在2016年，在生态温室实验的优化模式西红柿产量高于常规模式17%。

至于农资投入，由于灌溉和肥料使用量的降低，燃料和电力消耗，优化模式远低于常规模式，同时，杀虫剂、杀菌剂使用量也大量减少。简而言之，在过去的18年里，为了实现西红柿产量的稳定增长，常规模式采取的是一种高肥、高水、高药模式，其中较大的变化是用粪肥等有机肥替代化肥。

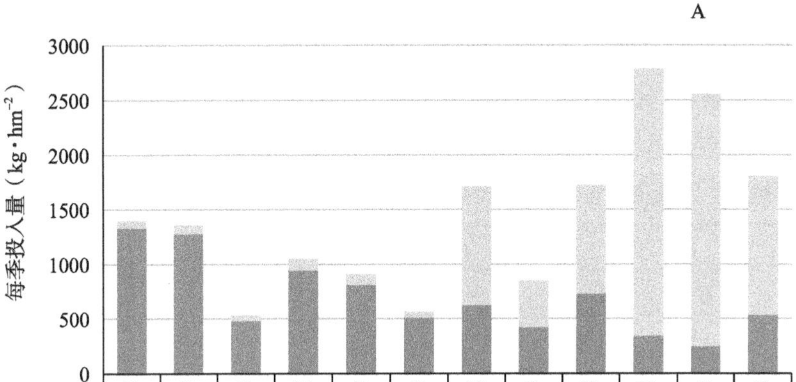

	N	P	K	N	P	K	N	P	K	N	P	K
	1998年			2004年			2010年			2016年		
有机肥	69	82	51	109	101	57	1085	432	994	2445	2310	1275
无机肥	1331	1278	480	942	810	509	625	422	728	341	245	533

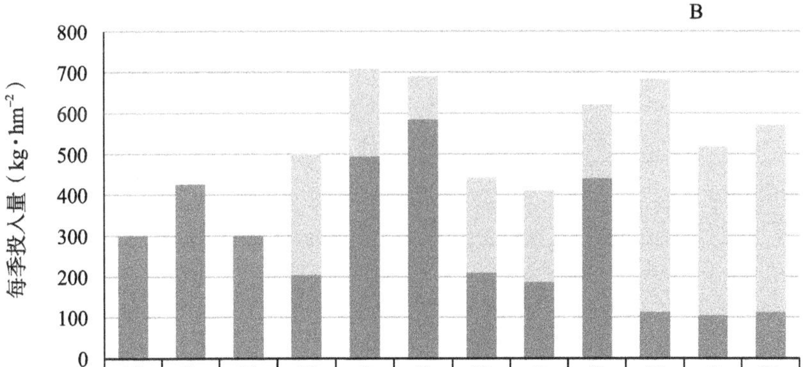

	N	P	K	N	P	K	N	P	K	N	P	K
	1998年			2004年			2010年			2016年		
有机肥	0	0	0	298	214	105	231	223	180	570	413	458
无机肥	300	425	300	204	495	585	210	187	440	113	105	113

图5-2　温室西红柿常规模式(A)和优化模式(B)肥料投入

5.3.2 西红柿生产氮足迹

与农资的生产、存储和运输相关的活性氮足迹见表 5-2，最大的氮源是无机肥，尤其是氮肥(60%～94%)，其次，电力是继肥料之后的氮足迹的另一重要来源。在过去的 18 年里，由于无机氮肥投入的降低，常规和优化模式的氮足迹都在降低。对于常规模式，每吨西红柿产品的氮足迹从 1998 年的 798 g 降低到 2016 年的 137 g。对于优化模式，每吨西红柿的氮足迹从 1998 年的 226 g 降低到 2016 年的 47 g。由于无机氮肥施用量的降低，在任何阶段优化模式的氮足迹都低于常规模式。

表 5-2 温室大棚西红柿生产常规和优化模式投入农资生产子系统活性氮排放 $g\ N \cdot t^{-1}$

项目	1998 年		2004 年		2010 年		2016 年	
	常规	优化	常规	优化	常规	优化	常规	优化
N	686	158	369	77	208	69	88	25
P_2O_5	42	14	20	12	9	4	4	1
K_2O	21	13	17	19	21	12	12	2
电力	35	30	26	23	21	14	18	10
柴油	2	1	2	4	8	3	7	2
农膜	8	8	8	5	4	4	3	2
农药	4	2	5	2	4	1	2	2
农业机械	0	0	0	0	3	3	3	3
合计	798	226	447	142	278	110	137	47
(常规－优化)/常规(%)		71.7		68.2		60.4		65.7

在过去的 18 年里，为降低建设成本同时提高生产效率，温室设计和建设一直在改进提升。在 1998 年，以竹木结构为主，2004 年，土墙温室较为流行，此后迅速被砖墙替代，到 2016 年，更结实的钢墙结构成为主流。不同时期温室建筑的氮足迹以单位有效种植面积进行计算，其结果见表 5-3，氮足迹为 1.2～24.5 $g \cdot m^{-2}$。

表 5-3　西红柿生产周期各类温室建筑子系统活性氮排放　g N·m⁻²·季⁻¹

项目	竹木温室	土墙温室	砖墙温室	钢管温室
混凝土	—	0.223	0.179	0.670
水泥	0.032	0.190	0.696	0.317
沙子	0.004	0.004	0.028	0.029
碎石	0.130	0.002	0.070	0.017
石灰	—	—	0.025	—
砖块	—	—	2.907	2.768
煤灰砖	—	—	—	0.397
竹	0.151	—	—	—
木材	0.043	0.345	0.216	—
钢管	0.005	12.813	12.813	17.721
线材	0.081	0.081	0.081	0.005
铝	—	—	—	0.047
PVC	0.510	0.214	0.214	0.023
PP	—	—	—	0.387
LDPE 膜	0.012	—	—	1.899
尼龙	0.222	0.222	0.222	0.045
草帘子	0.010	0.083	—	—
电力	0.005	0.009	0.013	0.035
柴油	0.020	0.045	0.054	0.096
合计	1.225	14.231	17.518	24.456

表 5-4 是每吨西红柿产品中,温室建筑引发的氮足迹。无论是常规模式(CM)还是优化模式(RM),在温室西红柿栽培生产阶段氮足迹都在迅速增长。在 CM 中,从 1998 年到 2016 年,每吨产品的氮足迹从 90.2 g 增加到 905.9 g,增长了 10 倍多。RM 则从 92 g 增加到 776.5 g。除了 2016 年,CM 和 RM 中,西红柿产量比较接近。在过去的近 20 年,温室西红柿生产阶段,单位面积氮足迹的增长速度超过了产量的增长速度。

表 5-4 西红柿温室大棚生产子系统活性氮排放 $g\ N\cdot t^{-1}$

项目	1998 年		2004 年		2010 年		2016 年	
	常规	优化	常规	优化	常规	优化	常规	优化
活性氮	90.2	92	798.4	767	835.9	825.4	905.9	776.5

表 5-5 显示温室生产中源于氮肥投入的氮足迹，无论是以面积为单位还是以产量为单位，源于 NO_3^--N 的氮排放占据该子系统排放总量的 90%。关于 CM，1998 年每吨产品的氮足迹达到 6685.2 g，2004 年降低到 3809.8 g，其后又开始上升，到 2016 年 6661.6 g，与 1998 年相当。至于 RM，由于氮肥投入的降低，每吨产品的氮足迹一直在 1004～1309 g 之间波动。

表 5-5 温室大棚西红柿生产子系统活性氮排放

N 成分	单位	1998 年		2004 年		2010 年		2016 年	
		常规	优化	常规	优化	常规	优化	常规	优化
NH_3-N 排放	$kg\ N\cdot hm^{-2}\cdot$ 季$^{-1}$	26.6	4.1	20.0	6.9	32.5	6.1	52.9	9.4
NO_3^--N 排放	$kg\ N\cdot hm^{-2}\cdot$ 季$^{-1}$	411.6	66.0	309.0	110.4	502.7	97.0	819.1	150.3
N_2O-N 排放	$kg\ N\cdot hm^{-2}\cdot$ 季$^{-1}$	13.7	2.4	10.3	4.0	16.8	3.5	27.3	5.4
NH_3-N 排放	$g\ N\cdot t^{-1}$	393.5	62.4	224.3	74.8	310.0	57.4	392.1	59.9
NO_3^--N 排放	$g\ N\cdot t^{-1}$	6088.8	995.5	3469.9	1191.4	4797.1	914.2	6067.3	954.0
N_2O-N 排放	$g\ N\cdot t^{-1}$	203.0	35.8	115.7	42.8	159.9	32.8	202.2	34.3
总 N 排放	$g\ N\cdot t^{-1}$	6685.2	1093.7	3809.8	1309.0	5267.1	1004.3	6661.6	1048.2
(常规－优化)/常规	%		83.6		65.7		80.9		84.3

综合农资生产(表 5-2)、温室建筑(表 5-4)和农场运行(表 5-5)各阶段的氮足迹，温室西红柿生产的总氮足迹见表 5-6 和图 5-3。整体上，温室大棚西红柿生产阶段排放的氮足迹在总氮足迹中比重最大，最高达到 88%。随着温室设计和使用材料的增加，温室建设导致的氮足迹也在增长。由于大量畜禽粪便替代无机化肥，农资投入导致的氮足迹在减少。从 1998 年到 2016 年，常规模式每吨西红柿氮足迹呈 U 字形变化(表 5-6 和图 5-3)，而优化模式则在缓慢降低。

表 5-6　温室大棚西红柿生产活性氮排放　　g N·t^{-1},%

项目	1998 年		2004 年		2010 年		2016 年	
	常规	优化	常规	优化	常规	优化	常规	优化
农资生产子系统	798.0 (10.5)	226.0 (16.0)	447.0 (8.8)	142.0 (6.4)	278 (4.4)	110 (5.7)	137.0 (1.8)	47.0 (2.5)
温室大棚子系统	90.2 (1.2)	92.0 (6.5)	798.4 (15.8)	767.0 (34.6)	835.9 (13.1)	825.4 (42.5)	905.9 (11.8)	776.5 (41.5)
农田生产子系统	6685.2 (88.3)	1093.7 (77.5)	3809.8 (75.4)	1309.0 (59.0)	5267.1 (82.5)	1004.3 (51.8)	6661.6 (86.4)	1048.2 (56.0)
合计	7573.5	1411.7	5055.2	2218.0	6381.0	1939.7	7704.5	1871.7
(常规－优化)/常规		81.4		56.1		69.6		75.7

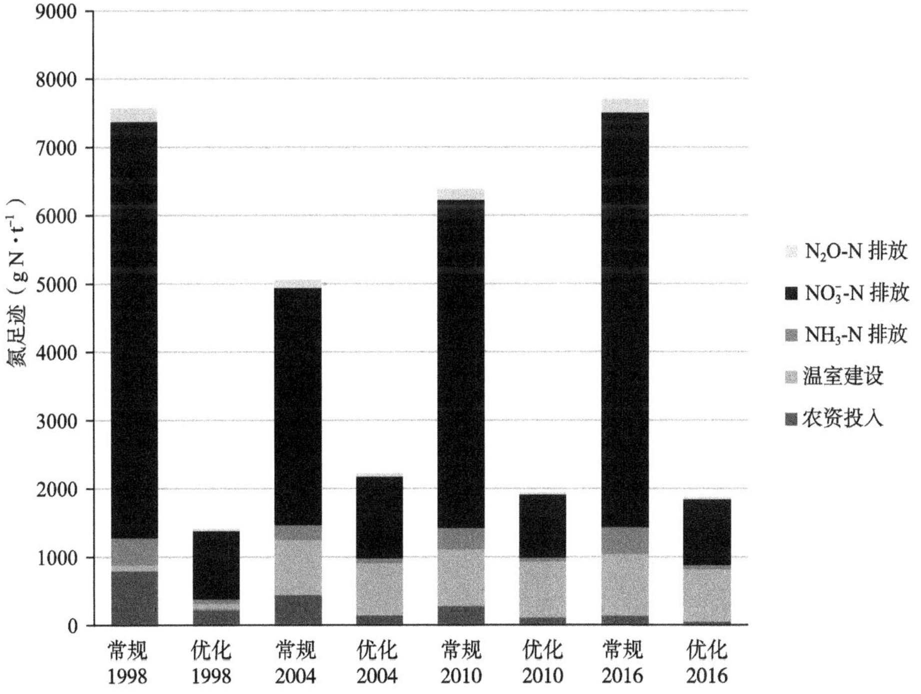

图 5-3　1998—2016 年温室西红柿生产常规和优化模式氮足迹

5.3.3 西红柿生产氮效率

氮足迹是显示投入氮流失到环境中的数量，而氮效率则是显示氮被作物系统有效利用的程度。常规模式和优化模式的表观利用率(ARE)和氮肥偏生产率(PFP)均见表 5-7。从表可以看出，常规模式中，ARE 在缓慢增长，从 1998 年的2.6%提升到 2016 年的 5.7%。相对于常规模式，优化模式下 ARE 指数相当高，最高的是 2016 年生态温室采用化学氮肥和沼渣沼液氮肥混施，ARE 指数达到 33.3%。在常规模式下，PFP 指数从 1998 年的 48.3 kg·kg^{-1}提升到 2004 年的 84.3 kg·kg^{-1}，此后一路走低，2010 年和 2016 年分别是 61.3 kg·kg^{-1}和 48.5 kg·kg^{-1}。与之相反，优化模式下，PFP 指数始终远高于常规模式，在 185～241 kg·kg^{-1}。很明显，常规模式的氮效率远低于优化模式，这意味着大量氮投入最终进入了环境，而这正好被氮足迹指数所证实。

表 5-7 1996—2018 年西红柿温室大棚生产氮投入产出与氮肥表观利用率(ARE)和氮偏肥生产力(PFP)

项目	1998 年			2004 年			2010 年			2016 年		
	CK	CM	RM	CK	CM	RM	CK	CM	RM	CK	CM	RM
N 产出(kg·hm^{-2}·季$^{-1}$)	173.6	209.6	205.5	250.6	276.1	287.4	241.3	324.9	329	260.7	418.5	488.3
N 投入(kg·hm^{-2}·季$^{-1}$)	0	1400	300	0	1051	502	0	1710	441	0	2786	683
表观利用率(%)		2.6	10.6		2.4	7.3		4.9	19.9		5.7	33.3
偏肥生产力(kg·kg^{-1})		48.3	221		84.7	184.7		61.3	240.7		48.5	230.6

5.3.4 敏感性分析

本研究通过温室西红柿产出与总氮投入来做敏感性分析(图 5-4)。从图 5-4B 可以看出，产品产出与氮肥投入的相关性接近 0.9，远高于常规模式的 0.74。另外，在过去的 20 年里，随着农资生产技术的改进，农资生产的氮足迹在迅速下降(Liang 等，2018)，而本研究中，农资生产的氮足迹没有做相应的调整。因此，在 1998 年和 2004 年，温室生产的实际氮足迹应该较本研究数据更高。

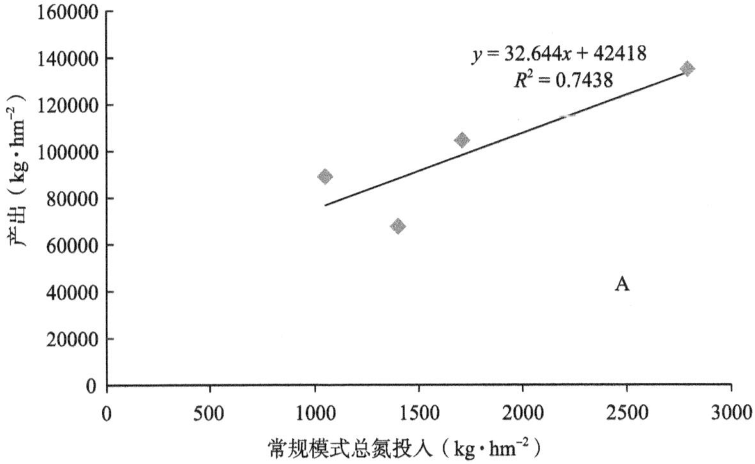

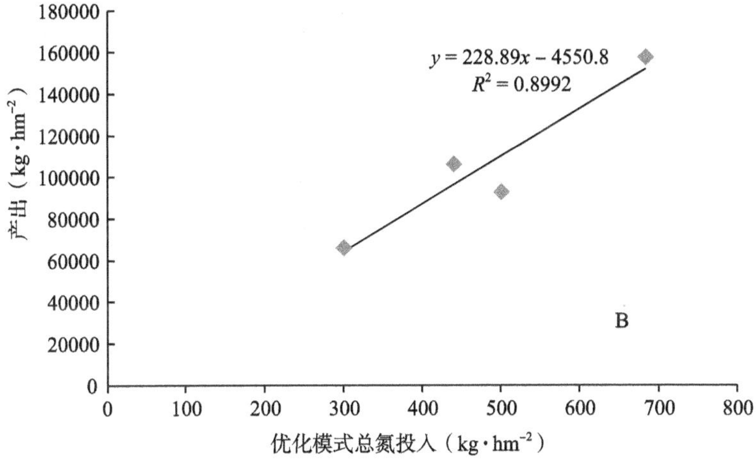

图 5-4　西红柿生产常规模式(A)和优化模式(B)敏感性分析

5.4　如何驾驭氮肥

5.4.1　温室生产的肥料施用

在过去 30 年里，中国温室生产规模迅速扩大，生产面积超过 400 万 hm^2，产值超过 8000 亿元，并提供了大量务工机会(郭金花，2016)。山东寿光地区的温室种植面积超过 40 万 hm^2，成为当地的支柱产业之一（李培之，2017）。河北唐山大规模发展农业循环经济，逐步以沼气为纽带种养循环的生态温室取代传统温室大棚。但中国大部分温室蔬菜生产目前仍以常规模式为主，氮肥投入超过作物需要 5～6 倍，潜在环境风险巨大。因此，在获取高产之余，如何改变高肥高水高药的“习惯”，消除潜在环境风险任务紧迫。

在中国，从事温室蔬菜生产的主要力量来自农村家庭，接受教育的年限普遍偏低、年龄偏大。在过去的 20 年里，在政府鼓励和引导下，农民不断改进温室设计，用粪便等有机肥替代化肥，这导致寿光地区温室蔬菜产量从 1998 年的每茬 67.6 $t \cdot hm^{-2}$，提高到 2016 年的 135 $t \cdot hm^{-2}$。大量实验证明无机肥和有机肥混施能够提高作物产量（张彦才等，2005；Ju 等，2007；巨晓棠，谷保静，2014；Korsaeth，2008；He 等，2009；任涛，2011；Ren 等，2014；Musyoka 等，2017）。但是，施肥一旦超过一定阈值，与作物产量增长不呈正相关，相反会引发大量环境问题(Ju 等，2006，2007；Gu 等，2013)。

2005 年，中国政府就开始推行测土配方施肥，但从寿光的调查情况来看，这项运动对温室蔬菜产业影响不大，农民遵循的仍然是自己摸索出来的高肥高产模式。另外，近十年来，中国农业大学等高校也在寿光等蔬菜主产区开展水肥管理实验，例如李俊良等(2001)，He 等(2009)和任涛等(2011)。这些研究成果较好，在各方努力下，优化模式也在慢慢推广，但对当地农民整体生产方式改变的影响并不显著。究其原因，在利益驱动下，以小农户为主体的生产者只看到肥料投入对产量增长的片面效应，对环境影响并不关心。另外，王萍等(2015)调查发现，从事温室蔬菜生产的农民平均年龄 48 岁，仅有四分之一完成了 9 年义务教育。这个年龄段的农民更愿意接受经验而非现代科学技术。因此，在未来，如何让从事温室蔬菜生产劳动者接受现代种养技术，是政府和相关部门必须正视的问题。

5.4.2 氮足迹比较

本研究中，在常规模式下，寿光地区的每千克西红柿的氮足迹在 5.1～7.7 g，而优化模式在 1.4～2.2 g，优势极为明显。但与其他研究结果进行直接比较存在困难，因为其他研究都是把蔬菜水果作为一个整体进行分析。例如，Leip 等(2013)用两种方法评估得出欧盟每千克蔬菜水果的氮足迹为 6.3 g 和 4.5 g。Pierer等(2014)研究发现，奥地利每千克蔬菜水果氮足迹为 5.3 g。Leach 等(2016)指出美国这一数据是 15.8 g。从本研究来看，寿光蔬菜氮足迹与欧盟接近。由于采用的研究方法不同，系统边界不尽一致，因此，直接比较较为困难(Leach 等，2012；Gu 等 2013)。由于这些原因，因此，同一类产品的氮足迹可能相差很大，例如，Xue 等(2016)，Pierer 等(2014)以及 Xue 和 Landis(2010)都对不同地区水稻生产进行了氮足迹研究，由于方法和设置系统边界的差异，其结果分别为 2.65，10.7 和 21.9 g N·kg^{-1}产品。因此，尽快实现氮足迹评估的标准化是当务之急。

5.4.3 氮效率和氮足迹减排

本研究中，氮肥利用效率仅仅考虑了无机和有机肥的投入。传统模式下，氮肥的表观利用率（ARE）低于 10%，仅在 2.6%～5.7%，相应的氮肥偏生产力（PFP）仅在 48.3～84.7 kg·kg^{-1}，这一结果与其他很多研究相似（李俊良等，2001；Chen 等，2004；Zhu 等，2005；Fan 等，2014）。然而，值得注意的是，2004—2016 年农民习惯的常规模式 ARE 指数在缓慢提升，但 PFP 指数却在下降。李俊良等（2001）在寿光地区进行试验研究，改进 N、P、K 施用量，ARE 指数从常规的 2.6%提升到 10.6%，PFP 指数从每千克氮投入西红柿产量 48.3 kg 提高到 221 kg。He 等（2009）布置的实验中，ARE 指数从 2.4%提升到 7.3%，PFP 指数从 84.7 kg 提高到184.7 kg 产品。在 He 等（2009）研究的基础上，任涛（2011）通过水肥改进实验，把 ARE 和 PFP 指数分别提升到 19.9%和 240.7 kg 产品。在这系列实验中，通过无机（主要是鸡粪和秸秆）和有机肥混施，改进水肥管理，从而提高了氮效率。在我们 2016 年的实验中，牛粪是基肥的主要部分，追肥使用沼渣和沼液，部分沼液作叶面肥使用。同时，生态温室的设计有所改进，更好地控制温室内的温度和湿度等。因此，实验结果 ARE 和 PFP 值分别达到 33%和 230.6 kg 产品。与常规模式和其他实验相比，成果非常显著。

事实上，提高氮肥使用效率是中国和其他地区都非常关注的问题。Ju 等（2011）在中国南京做温室水肥实验，ARE 指数从当地常规模式的 13%提高到 24%。Zhou 等（2016）采用粪肥替代化肥，温室蔬菜生产的 ARE 指数达到 33.7%，与我们的研究结果极为相似。Ti 等（2015）比较了中国不同地区不同作物的氮肥使用效率，结果显示，通过氮平衡，露地和温室蔬菜生产的 ARE 指数分别能够达到 25.9%和 19.7%。即便这样，中国蔬菜生产的氮肥使用效率包括 ARE 和 PFP 指数在内仍远低于世界其他国家和地区（表 5-8）。例如，丹麦（Li 等，2010），埃及（Badr 等，2016）和美国（Zotarelli 等，2009）西红柿生产的 ARE 指数分别达到 31%～61%，50%，37%～68%。同样，在西班牙（Soto 等，2015），温室西红柿生产的 PFP 指数为 650～700 kg，在意大利露地西红柿生产，这一指数能够达到 900～1400 kg（Elia 和 Conversa，2012；Zotarelli 等，2009）。Pierer 等（2014）发现在奥地利，蔬菜水果生产的氮效率仅为 19%，但土豆和莴苣达到了 33%和 72%。这意味着中国温室蔬菜生产还有很大的提升空间，这其中水肥管理是关键（Li 等，2010；Badr 等，2016；Zotarelli 等，2009；Soto 等，2015；Elia 和 Conversa，2012）。在中国，巨晓棠和谷保静(2014)认为蔬菜生产氮投入每季不要超过 300 kg·hm^{-2}。Sun 等(2013)，Li 等(2017a，b)和 Du 等(2017)通过实验得出相似结论。梁静等(2015)发现即便是生态优化模式，中国 N 投入仍高于其他地区。因此，提高中国蔬菜生产的氮效率仍然有很大研究空间。

表 5-8 不同国家和地区西红柿生产的氮肥表观利用率和偏肥生产力

国家/地区	表观利用率(%)	偏肥生产力(kg·kg^{-1})	生产方式	参考文献
丹麦	31～61	—	温室	Li 等(2010)
埃及	50	540～850	露地	Badr 等(2016)
中国杨凌	—	450～603	温室优化模式	Du 等(2017)
西班牙	—	655～680	温室	Soto 等(2015)
中国北京	1.1	290～300	温室常规模式	Li 等(2017a)
	2.7	290～310	温室优化模式	
澳大利亚	—	303	露地	Page 等(2012)
	—	150～210	温室	
中国北京	—	180～350	温室优化模式	Li 等(2017b)
中国寿光	—	47～97	温室常规模式	Sun 等(2013)
	—	130～340	温室优化模式	
美国	37～68	500～750	露地	Zotarelli 等(2009)
意大利帕恰诺	31	1250～1370	露地	Farneselli 等(2015)
意大利福贾	21	910～1150	露地	Elia 和 Convera(2012)
中国唐山	2.4～5.7	48～84	温室常规模式	本研究
	7.3～33.3	184～240	温室优化模式	

在温室生产领域，提高氮效率是减少氮足迹的第一步。研究显示，从 2004 年开始，温室建筑的氮足迹成为另一重要因素，这主要是由于大量使用钢筋、红砖和 LDPE 膜等材料。因此，温室建筑的低氮化是必须考虑的要素。另外，2016 年的实验在种植、养殖和沼气一体化的生态温室中进行，虽然我们没有评价该系统的养殖和沼气部分。但相关研究显示(Chen 等，2010；Chen 和 Chen，2012)，种植-沼气-养殖一体化的生态温室显示出更高的生产力，能够创造更好的环境和经济效益(Wei 等，2009；Cheng 等，2011)。因此，如何对中国传统的被动式日光温室进行改进提升也是一个值得关注的问题。

5.5 提升氮肥利用率是关键

在中国的温室生产中，氮投入超过了作物的需求。过多的氮投入支撑了作物生产需求并为满足食品需求做出了贡献，但同时也引发了环境问题。本研究中，以普通和生态温室中西红柿种植系统为研究对象，采用氮足迹和氮效率两个关于环境负荷和生产效率互为补充的指标来探讨较长时间序列的温室生产。结果如下：

(1)在过去 18 年里，在农民常规生产中，西红柿产量和肥的投入都在稳定增长。其中，有机 N 肥增长的速度超过了无机 N 肥减少的速度。相较常规模式，优化模式总肥和 N 肥投入分别减少了 24.8%～75.2%和 52.2%～78.6%。此外，生态温室的优化模式产量能够超过常规模式。因此，在不降低产量的情况下，肥料投入还有较大的减少空间。

(2)在常规生产模式下，西红柿总氮足迹是 5.1～7.7 g N·kg^{-1}，略高于欧盟蔬果的氮足迹(产品 4.5～6.3 g N·kg^{-1})，但远低于奥地利(产品 15.8 g N·kg^{-1})。在中国，农田生产子系统是最主要的氮源，占总氮足迹的 75%～88%，其次是温室建筑排放。但优化模式的氮足迹为 1.4～2.2 g N·kg^{-1}产品，这意味着优化施肥和生态温室具有很强的减排潜力。

(3)中国北方温室西红柿生产的氮效率<10%，寿光常规模式氮效率仅在 2.4%～5.7%，远低于中国粮食作物的氮效率(26%～30%)和世界粮食氮效率(40%～60%)。但在生态温室模式下，氮效率能够超过 30%。因此，消除常规模式和优化模式之间的障碍，积极采用生态温室，中国温室蔬菜产业具有极大的发展提升潜力。

参考文献

陈阜. 农业生态学. 2 版. 北京：中国农业大学出版社，2011.

董章杭. 山东省寿光市集约化蔬菜种植区农用化学品使用及其对环境影响的研究. 北京：中国农业大学，2006.

董章杭，李季，孙丽梅. 集约化蔬菜种植区化肥施用对地下水硝酸盐污染影响的研究——以"中国蔬菜之乡"山东省寿光市为例. 农业环境科学学报，2005，24(6)：1139-1144.

郭金花. 典型设施蔬菜生产系统水肥、农药投入及环境影响的生命周期评价. 北京：中国农业大学，2016

韩鹏远，焦晓燕，王立革，等. 太原城郊老菜区番茄氮肥利用率及氮去向研究. 中国生态农业学报，2010，18(3):482-485.

巨晓棠，谷保静．我国农田氮肥施用现状、问题及趋势．植物营养与肥料学报，2014，20(4)：783-795.

李俊良，朱建华，张晓晟，等．保护地番茄养分利用及土壤氮素淋失．应用与环境生物学报，2001，7(2):126-129.

李培之．寿光蔬菜废弃物处理措施与成效．中国蔬菜，2017(3):13-15.

梁静，王丽英，陈清，等．我国设施番茄氮肥施用量现状及其利用率，产量影响和地力贡献率分析评价．中国蔬菜，2015(10):16-21.

任涛．不同氮肥及有机肥投入对设施番茄土壤碳氮去向的影响．北京：中国农业大学，2011.

王萍，刘剑君，么鸿雁，等．山东寿光市蔬菜大棚从业人员健康状况及其影响因素．中国公共卫生，2015，31(5):624-627.

张福锁，王激清，张卫峰，等．中国主要粮食作物肥料利用率现状与提高途径．土壤学报，2008，45(5):915-924.

张彦才，李巧云，翟彩霞，等．河北省大棚蔬菜施肥状况与评价．河北农业科学，2005，9(3)：61-67.

周博，王虎，吴薇，等．陕西杨凌日光温室畜禽有机肥氮素有效性研究．西北农林科技大学学报(自然科学版)，2016，44(12):124-131.

中华人民共和国农业部．中国农业统计年鉴．2015.

Badr M A，Abou-Hussein S D，El-Tohamy W A. Tomato yield，nitrogen uptake and water use efficiency as affected by planting geometry and level of nitrogen in an arid region. Agric. Water Manage，2016，169：90-97.

Boulard T，Raeppel C，Brun R，et al，Environmental impact of greenhouse tomato production in France. Agron. Sustainable Dev.，2011，31(4)：757-777.

Cassman K G，Dobermann A，Walters D T. Agroecosystems，nitrogen-use efficiency，and nitrogen management. Ambio，2002，31(2)：132-140.

Chatzimpiros P，Barles S. Nitrogen food-print：N use related to meat and dairy consumption in France. Biogeosciences，2013，10(1)：471-481.

Chen Q，Zhang X S，Zhang H Y，et al. Evaluation of current fertilizer practice and soil fertility in vegetable production in the Beijing region. Nutr. Cycl. Agroecosyst，2004，69：51-58.

Chen S，Chen B. Sustainability and future alternatives of biogas-linked agrosystem (BLAS) in China：an emergy synthesis. Renew. Sust. Energy Rev，2012，16(6)：3948-3959.

Chen Y，Yang G，Sweeney S，et al. Household biogas use in rural China：a study of opportunities and constraints. Renew. Sust. Energy Rev，2010，14(1)：545-549.

Cheng S，Li Z，Shih J，et al. A field study on acceptability of 4-in-1 biogas systems in Liaoning

Province, China. Energy Procedia, 2011, 5(1): 1382-1387.

Du Y D, Cao H X, Liu S Q, et al. Response of yield, quality, water and nitrogen use efficiency of tomato to different levels of water and nitrogen under drip irrigation in northwestern China. J. Int. Agric, 2017, 16(5): 1153-1161.

Elia A, Conversa G. Agronomic and physiological responses of a tomato crop to nitrogen input. Eur. J. Agron, 2012, 40(3): 64-74.

Fan Z, Lin S, Zhang X, et al. Conventional flooding irrigation causes an overuse of nitrogen fertilizer and low nitrogen use efficiency in intensively used solar greenhouse vegetable production. Agric. Water Manage, 2014, 144(2): 11-19.

Farneselli M, Benincasa P, Tosti G, et al. High fertigation frequency improves nitrogen uptake and crop performance in processing tomato grown with high nitrogen and water supply. Agric. Water Manage, 2015, 154: 52-58.

Godinot O, Leterme P, Vertès F, et al. Relative nitrogen efficiency, a new indicator to assess crop livestock farming systems. Agron. Sust. Dev, 2015, 35: 857-868.

Godinot O, Leterme P, Vertès F, et al. Indicators to evaluate agricultural nitrogen efficiency of the 27 member states of the European Union. Ecol. Indic, 2016, 66: 612-622.

Gu B, Leach A M, Ma L, et al. Chang, S. X. , Ge, Y. Nitrogen footprint in China: food, energy, and nonfood goods. Environ. Sci. Technol, 2013, 47(16): 9217- 24.

He F F, Jiang R F, Chen Q, et al. Nitrous oxide emissions from an intensively managed greenhouse vegetable cropping system in Northern China. Environ. Pollut, 2009, 157(5): 1666-1672.

IFA. http://www. fertilizer. org/Statistics.

ISO 14044. Environmental Management-Life Cycle Assessment-Requirements and Guidelines. International Organisation for Standardisation (ISO), Geneva, Switzerland, 2006.

Ju M, Zhao X, Shi W M, et al. Nitrogen balance and loss in a greenhouse vegetable system in Southeastern China. Pedosphere, 2011, 21(4): 464-472.

Ju M, Zhang H, Shi W. Optimizing nitrogen input to reduce nitrate leaching loss in greenhouse vegetable production. Agric. Water. Manage, 2012, 111(4): 53-59.

Ju X T, Kou C L, Zhang F S, et al. Nitrogen balance and groundwater nitrate contamination: comparison among three intensive cropping systems on the North China Plain. Environ. Pollut, 2006, 143(1): 117-125.

Ju X T, Kou C L, Christic P, et al. Changes in the soil environment from excessive application of fertilizers and manures to two contrasting intensive cropping systems on the North China Plain. Environ. Pollut, 2007, 145(2): 497-506.

Khoshnevisan B, Rafiee S, Omid M, et al. Environmental impact assessment of tomato and cucumber cultivation in greenhouses using life cycle assessment and adaptive neuro-fuzzy inference system. J. Clean. Prod, 2014, 73: 183-192.

Korsaeth A. Relations between nitrogen leaching and food productivity in organic and conventional cropping systems in a long-term field study. Agric. Ecosyst. Environ, 2008, 127(3): 177-188.

Leach A M, Galloway J N, Bleeker A, et al. A nitrogen footprint model to help consumers understand their role in nitrogen losses to the environment. Environ. Dev, 2012, (1): 40-66.

Leach A M, Emery K A, Gephart J, et al. Environmental impact food labels combining carbon, nitrogen, and water footprints. Food Policy, 2016, 61: 213-223.

Leip A, Weiss F, Lesschen J P, et al. The nitrogen footprint of food products in the European Union. J. Agric. Sci, 2013, 152(S1): 20-33.

Leip A, Britz W, Weiss F, et al. Farm, land, and soil nitrogen budgets for agriculture in Europe calculated with CAPRI. Environ. Pollut, 2011, 159: 3243-3253.

Li X L, Liu F L, Li G T, et al. Soil microbial response, water and nitrogen use by tomato under different irrigation regimes. Agric. Water Manage, 2010, 98(3): 414-418.

Li Y K, Wang L C, Xue X Z, et al. Comparison of drip fertigation and negative pressure fertigation on soil water dynamics and water use efficiency of greenhouse tomato grown in the North China Plain. Agric. Water Manage, 2017a, 184: 1-8.

Li Y M, Sun Y X, Liao S Q, et al. Effects of two slow-release nitrogen fertilizers and irrigation on yield, quality, and water-fertilizer productivity of greenhouse tomato. Agric. Water Manage, 2017b, 186: 139-146.

Liang L, Lal R, Du Z L, et al. Estimation of nitrous oxide and methane emission from livestock of urban agriculture in Beijing. Agric. Ecosyst. Environ, 2013, 170: 28-35.

Liang L, Lal R, Ridoutt R B, et al. Life cycle assessment of China's agroecosystems. Ecol. Indic, 2018, 88: 341-350.

Liu C, Watanabe M, Wang Q. Changes in nitrogen budgets and nitrogen use efficiency in the agroecosystems of the Changjiang River basin between 1980 and 2000. Nutr. Cycl. Agroecosyst, 2008, 80: 19-37.

Musyoka M W, Adamtey N, Muriuki A W, et al. Effect of organic and conventional farming systems on nitrogen use efficiency of potato, maize and vegetables in the central highlands of Kenya. Eur. J. Agron, 2017, 86: 24-36.

Page G, Ridoutt B, Bellotti B. Carbon and water footprint tradeoffs in fresh tomato production. J. Clean. Prod, 2012, 32(3): 219-226.

Pierer M, Winiwarter W, Leach A M, et al. The nitrogen footprint of food products and general consumption patterns in Austria. Food Policy, 2014, 49(9): 128-136.

Ren T, Wang J, Chen Q, et al. The effects of manure and nitrogen fertilizer applications on soil organic carbon and nitrogen in a high-input cropping system. Plos One, 2014, 9(5): 97732.

Sanyé-Mengual E, Oliver-Solà J, Montero J I, et al. An environmental and economic life cycle assessment of rooftop greenhouse (RTG) implementation in Barcelona, Spain. Assessing new forms of urban agriculture from the greenhouse structure to the final product level. Int. J. Life Cycle Assess, 2015, 20(3): 350-366.

Schröder J J, Aarts H F M, ten Berge H F M, et al. An evaluation of whole-farm nitrogen balances and related indices for efficient nitrogen use. Eur. J. Agron, 2003, 20: 33-44.

Shibata H, Cattaneo L R, Leach A M, et al. First approach to the Japanese nitrogen footprint model to predict the loss of nitrogen to the environment. Environ. Res. Lett, 2014, 9 (11):115013.

Shindoa J, Yanagawa A. Top-down approach to estimating the nitrogen footprint of food in Japan. Ecol. Indic, 2017, 78: 502-511.

Song X Z, Zhao C X, Wang X L, et al. Study of nitrate leaching and nitrogen fate under intensive vegetable production pattern in northern China. C. R. Biol, 2009, 332(4): 385-292.

Soto F, Gallardo M, Thompson R B, et al. Consideration of total available n supply reduces N fertilizer requirement and potential for nitrate leaching loss in tomato production. Agric. Ecosyst. Environ, 2015, 200(2): 62-70.

Sun Y, Hu K L, Fan Z B, et al. Simulating the fate of nitrogen and optimizing water and nitrogen management of greenhouse tomato in North China using the EU-Rotate_N model. Agric. Water Manage, 2013, 128: 72-84.

Ti C P, Luo Y X, Yan X Y. Characteristics of nitrogen balance in open-air and greenhouse vegetable cropping systems of China. Environ. Sci. Pollut. Res, 2015, 22(23): 18508-18518.

Tilman D, Fargione J, Wolff B, et al. Forecasting agriculturally driven global environmental change. Science, 2001, 292(5515): 281-284.

Torrellas M, Antón A, López J C, et al. LCA of a tomato crop in a multi-tunnel greenhouse in Almeria. Int. J. Life Cycle Assess, 2012, 17(7): 863-875.

Wang M R, Ma L, Strokal M, et al. Exploring nutrient management options to increase nitrogen and phosphorus use efficiencies in food production of China. Agric. Syst, 2018, 163: 58-72.

Wei X M, Chen B, Qu Y H, et al. Emergy analysis for 'Four in One' peach production system in Beijing. Commun. Nonlinear. Sci, 2009, 14(3): 946-958.

Xue J F, Pu C, Liu S L, et al. Carbon and nitrogen footprint of double rice production in Southern China. Ecol. Indic, 2016, 64: 249-257.

Xue X B, Landis M. Eutrophication potential of food consumption patterns. Environ. Sci. Technol, 2010, 44: 6450-6456.

Zhang F, Cui Z, Fan M, et al. Integrated soil-crop system management: reducing environmental risk while increasing crop productivity and improving nutrient use efficiency in China. J. Environ. Qual, 2011, 40(4): 1051-1057.

Zhu J H, Li X L, Christie P, et al. Environmental implications of low nitrogen use efficiency in excessively fertilized hot pepper (Capsicum frutescens L.) cropping systems. Agric. Ecosyst. Environ, 2005, 111(1): 70-80.

Zotarelli L, Dukes M D, Scholberg J M S, et al. Tomato nitrogen accumulation and fertilizer use efficiency on a sandy soil, as affected by nitrogen rate and irrigation scheduling. Agric. Water Manage, 2009, 96(8): 1247-1258.

第6章　北京市都市农业生产的多指标评估

6.1　如何看待都市农业

到2050年，全球人口将超过90亿，超过70%的人口将居住在城市（United Nations，2011），城市的扩张和人口的增长对城郊地区影响加大。一方面，快速城市化可能影响可用农业用地的总量，从而对粮食安全产生负面影响（Wei等，2016）。另一方面，都市农业（PUA）在过去20年快速增加，通常强调多功能性（Zasada，2011；Peng等，2015；Zhu等，2017），寻求生态、经济和社会效益的平衡（Tian等，2010；Rothwell等，2016；Benis和Ferrão，2017）。

都市农业在一些发展中国家的主要功能是支持当地的粮食供应（Godfray等，2010；Mkwambisi等，2011；Benis和Ferrão，2017）。在一些拥有综合和多区域食品供应系统的高收入国家，都市农业因为能够为城市居民提供生活便利、休闲机会以及良好的生态功能而受到高度重视（Peng等，2015；Rothwell等，2016）。至于都市农业与城市的关系，Barthel和Isendahl（2013）认为农业生产不应被视为"城市的对立面"，并指出一体化有助于城市的韧性。Pribadi和Pauleit（2016）强调农业对每个城市经济的重要性及其对减贫的贡献。通常，都市农业仅从单一角度进行评估。例如，Eigenbrod和Gruda（2015）考虑城市蔬菜生产及其对食品安全的贡献。Kulak等（2013），Goldstein等（2016）应用生命周期评价（life cycle assessment，LCA）方法来评估都市农业的环境影响。Pérez-Neira和Grollmus-Venegas（2018）考虑都市农业的能量使用效率和温室气体（greenhouse gas，GHG）排放。然而，对都市农业中不同农业模式的多维评估相对较少（Bojacá等，2010；Pérez等，2018）。

在经济快速发展的中国，2015 年城镇化水平达到 56.1%，年均增长率为 1%（城市化网，2017）。特别是北京地区，经历了大规模的城市化（2016 年为 86%），一定程度上超过许多发达国家的城市化水平（Wästfelt 等，2016）。随着工业园区和居民区对农业用地的侵占，北京地区农业用地面积从 $28.39\times10^4\ hm^2$ 减少到 $22.3\times10^4\ hm^2$。具体而言，粮食用地、蔬菜用地和园林地面积从 2001 年的 13.73×10^4、5.36×10^4 和 $9.03\times10^4\ hm^2$ 下降到 2013 年的 12.58×10^4、2.77×10^4 和 $6.25\times10^4\ hm^2$（北京市统计局，2014）。面对来自人居环境和农村经济的压力，2003 年北京市政府制定了新的都市农业策略，优先考虑维护食品安全，增加农民的经济效益，为居民提供休闲机会，减轻环境压力（Peng 等，2015）。随后，在 2014 年北京市政府推出了节水和高效都市农业战略（SCIOPRC，2014）；2022 年粮食用地、蔬菜用地和园林地面积调整为 6.09×10^4、5.33×10^4 和 $7.11\times10^4\ hm^2$（中华人民共和国国家统计局，2023）。根据这一战略，粮食用地和蔬菜用地的主要目的是在保证食品生产同时减轻环境负荷，园林地的主要目的是为城市居民提供户外休闲机会，还对森林面积做了调整（表 6-1）。此外，鼓励温室农业生产和有机生产，同时将畜牧生产规模减少约 30%（Wei 等，2016，2018）。

表 6-1　北京地区农业用地变化

年份	单位	粮食用地	蔬菜用地	园林地	合计
2001	$10^4\ hm^2$	13.73	5.36	9.03	28.12
2013	$10^4\ hm^2$	12.58	2.77	6.25	21.60
2022	$10^4\ hm^2$	6.09	5.33	7.11	18.53
变化	%	−61.2	−12.9	−26.1	−40.7

数据来源：SCIOPRC，2014；中华人民共和国国家统计局，2023 年统计年鉴。

尽管如此，对北京大都市圈都市农业的实质性效果的担忧仍然存在，众多学者从不同角度进行了多项研究。Liang 等（2013），Wei 等（2016，2018）评估畜牧生产的环境影响和经济效益。赵华甫等（2008）从水资源利用和生态服务的角度比较了单季春玉米与双季冬小麦-夏玉米的环境影响。Liu 等（2010）评估了梨生产的能量使用和温室气体排放。田志会等（2015）分析了北京农业生态系统碳足迹（carbon footprint，CF）和碳生态效率的年际变化。宋博等（2015）计算蔬菜生产系统的碳足迹。He 等（2016）估计了有机番茄和传统番茄生产对环境的影响。另外，Peng 等（2015）评估了城市农业的多功能性，Yang 等（2016）讨论了都市农业的发展，包括各种模式、创新实践和政策应用。虽然现有各种研究目标是解决特定作物生产存在的问题以及与都市圈和谐共处有关的问题，但需要使用统一和多维的方法进一步比较和评估不同的都市农业生产模式。因此，在本研究中，我们选择了北京市政府广泛推行的六种经典农业模式，以进行多维全面比较。本研究的具体目标是：①评估北京首都地区农业结构调整的效果；②评估各种具体模式的能量使用效率、经济收益和环境影响；③使用多维指标对不同的农业模式进行综合效益优化排序；④确定不同农业模式的改进提升可行性；⑤为政策制定者和利益相关者提供改进建议。

6.2 北京都市农业概况

6.2.1 都市农业发展历程

本研究对象和范围是位于华北平原的北京市(北纬 39°28′～41°05′，东经 115°25′～117°30′)。2017 年北京人口 2170 万，面积 16411 km^2，其中平地占 38%，山地占 62%，由 16 个县(区)组成，其中大部分是城郊地区。北京市属暖温带半湿润大陆性季风气候，年降水量约 600 mm，年平均气温 10～12℃。根据政府行政管理的职能规划，北京市政府分为四部分，即城市核心区(东城和西城)、城市农业圈(海淀、朝阳、丰台和石景山)、近郊都市农业圈(昌平、顺义、通州和大兴)、远郊都市农业圈。

2006 年，北京市出台了都市农业发展规划并做了规划布局。根据城市总体发展规划分成四个区，即都市农业发展圈、平原农业发展圈、近郊农业发展圈、山区生态涵养发展圈。2013 年，北京谷物播种面积为 17.3×10^4 hm^2，包括冬小麦(*Triticum aestivum* L.)和夏玉米(*Zea mays* L.)，主要分布于大兴、密云、延庆、房山、平谷等地。蔬菜播种面积 6.2×10^4 hm^2，主要分布在大兴、通州、顺义等地。温室生产面积和蔬菜产量分别超过 2.34×10^4 hm^2 和 700×10^4 t，分别占农业用地总面积和蔬菜产量的 10%和 40%。此外，园林用地面积约为 6.25×10^4 hm^2，30 万户家庭从事水果生产。在中国，北京居民大约消费近 30%有机食品，北京有机农业主要分布在延庆、密云、怀柔等平原和生态山区，有机作物(包括栗子、粗粮和水果等)受到城市居民的普遍欢迎(北京市统计局，2016)。

6.2.2 典型模式基本情况

1.数据收集

基于北京市农业局(BJMBA)的数据和相关文献(Tian 等，2010；Yang 等，

2016)，选择六种农业模式(agriculture practice，AP)和推广区域进行分析，这些模式在北京市城郊地区被广泛实施。这些模式和区域被认为在北京多样化都市农业中具有广泛代表性。这些系统包括：①延庆的春玉米(AP1)；②通州冬小麦-夏玉米轮作(AP2)；③大兴的西瓜-番茄温室轮作生产(AP3)；④平谷露地大桃生产(AP4)；⑤怀柔有机板栗生产(AP5)；⑥密云的有机小米生产(AP6)。对于每一项农业模式，都通过家庭入户调查收集农作过程投入产出和相关经济数据。在每个模式推广主导地区，选择3个村庄60户家庭(每个村庄20户)利用统一问卷，通过面对面访谈进行调查。农业生产数据包括种植面积、产量、化肥种类和数量、农药投入、机械、灌溉、电力、劳动力等(表6-2)。经济数据包括各种模式的生产成本和收入(表6-3)。由于农业模式中每年的产量和收入差异，收集的数据取2013—2015年的平均值。360份产业调查问卷中有效问卷320份，部分家庭情况缺失数据利用《北京统计年鉴》进行补充。此外，调研组采访了部分乡镇和村庄的干部，并将源于各种文献的相关数据进行了比较(张琳等，2008；赵华甫等，2008；宋博等，2015；郭金花，2016)，以确保数据有代表性和可靠性。

表6-2　北京都市圈6种都市农业模式的资源投入-产出

投入-产出	单位	AP1	AP2	AP3	AP4	AP5	AP6
投入							
劳动力	$d \cdot hm^{-2}$	90	130	1071	1116	90	84
机械	$kg \cdot hm^{-2}$	20.1	50.3	24.4	84.1	0	30
柴油	$kg \cdot hm^{-2}$	65.5	163.7	79.4	273.9	0	98.2
电力	$kWh \cdot hm^{-2}$	725	1812	2759	2250	0	0
肥料							
N	$kg \cdot hm^{-2}$	296	532	539	377	0	0
P_2O_5	$kg \cdot hm^{-2}$	137	167	422	380	0	0
K_2O	$kg \cdot hm^{-2}$	36	74	557	376	0	0
有机肥	$kg \cdot hm^{-2}$	4500	7000	115000	57220	70000	60300
农药(折纯)	$kg \cdot hm^{-2}$	3.7	6.7	13.7	7.7	0	0
灌溉	$m^3 \cdot hm^{-2}$	2880	6400	7080	4500	0	0
地膜	$kg \cdot hm^{-2}$	0	0	397	188	0	0
钢材	$kg \cdot hm^{-2}$	0	0	1720	0	0	0
LDPE膜	$kg \cdot hm^{-2}$	0	0	1488	0	0	0
种子	$kg \cdot hm^{-2}$	70	190	60	0	0	9

续表 6-2

投入-产出	单位	AP1	AP2	AP3	AP4	AP5	AP6
产出							
小麦	kg·hm^{-2}		6900				
玉米	kg·hm^{-2}	8948	8100				
小米	kg·hm^{-2}						2780
西瓜	kg·hm^{-2}			56025			
番茄	kg·hm^{-2}			53970			
桃	kg·hm^{-2}				40260		
板栗	kg·hm^{-2}					5923	

注:AP1:春玉米,AP2:冬小麦-夏玉米,AP3:西瓜-番茄,AP4:露地大桃,AP5:有机板栗,AP6:有机小米

表 6-3 北京都市圈 6 项都市农业模式经济数据

项目	单位	AP1	AP2	AP3	AP4	AP5	AP6
产量	kg·hm^{-2}	8948	6900(8100)	56025(53970)	40260	5922	2780
销售价格	元·hm^{-2}	1.9	2.3(1.8)	2.0(3.5)	4.0	6.1	37
种子	元·hm^{-2}	900	1320	38955	0	0	900
肥料	元·hm^{-2}	2400	5100	19625	5890	9000	9000
机械	元·hm^{-2}	900	1950	1875	5400	0	1350
灌溉	元·hm^{-2}	225	1050	2800	1200	0	0
农药	元·hm^{-2}	300	600	1725	1600	0	0
地膜	元·hm^{-2}	0	0	8045	4015	0	0
大棚	元·hm^{-2}	0	0	18000	0	0	0
劳动力	元·hm^{-2}	7200	10400	60080	89280	8100	7560
总生产成本	元·hm^{-2}	11925	20420	151105	107385	17100	18810
总产值	元·hm^{-2}	17000	30450	300945	161040	36035	102847
净收益	元·hm^{-2}	5075	10030	149840	53655	18935	84037
生产力	元·hm^{-2}	0.75	0.73	0.73	0.37	0.35	0.15
产投比		1.43	1.49	1.99	1.50	2.11	5.47

注:AP1:春玉米,AP2:冬小麦-夏玉米,AP3:西瓜-番茄,AP4:露地大桃,AP5:有机板栗,AP6:有机小米。

2.能量和经济评估

能量系统推动农业生产向前发展,反过来,农业又为能量生产提供原材料,并为人类社会提供经济回报。因此,有许多研究探讨这三个系统之间的关系,并提出

了能量利用效率(energy use efficiency,EUE)、净能量(net energy,NE)和能量生产率(energy productivity,EP)等多种评估指标(Ozkan 等,2004;Hatirli 等,2005;Heidari 和 Omid,2011)。本研究采用能量平衡方法,以每公顷生产面积为功能单位(functional unit,FU)对不同农业模式的能量利用效率进行评价。

总能量投入包括可再生能量和不可再生能量,按式(6-1)计算。可再生能投入包括种子、劳动力、有机肥料和灌溉用水。不可再生能投入包括化肥、机械、柴油、电力、农药、地膜、温室建筑所消耗的能量(表 6-4),使用表 6-5 所示的转换系数将农业投入和产出数据转换为能量流。

$$E_{总} = E_{不可再生} + E_{可再生} \tag{6-1}$$

表 6-4　北京都市圈 6 种都市农业模式的总能量投入产出　　$MJ \cdot hm^{-2}$

投入-产出	AP1	AP2	AP3	AP4	AP5	AP6
投入						
不可再生能量						
N	27247	48964	49624	34660	0	0
P_2O_5	2874	3490	8844	7964	0	0
K_2O	477	966	7314	4936	0	0
机械	4286	10715	5194	17924	0	6397
柴油	2914	7286	3532	12189	0	4372
电力	9062	22653	34489	28125	0	0
农药	881	1613	3290	1843	0	0
地膜	0	0	32994	15581	0	0
建筑物	0	0	230162	0	0	0
小计	47740	95687	37543	123222	0	10769
可再生能量						
种子	1330	3970	1320	0	0	144
劳动力	1134	1638	13495	14062	1134	1058
有机肥料	8809	13703	225113	112009	137025	207583
灌溉用水	2938	6528	7222	4590	0	0
小计	14210	25839	247149	130661	138159	208785
总计	61951	121526	622591	253883	138159	219554
产出						
粮食	145844	244500	149624	76494	69886	44752

注:AP1:春玉米,AP2:冬小麦-夏玉米,AP3:西瓜-番茄,AP4:露地大桃,AP5:有机板栗,AP6:有机小米。

表 6-5　农业投入和产出的能量当量和碳足迹

投入-产出	能量当量(MJ)	参考	碳足迹(kg CO_2 eq)	参考文献
投入				
劳动力	12.6	陈阜(2011)	0.86	刘巽浩等(2013)
机械	210	陈阜(2011)	6.74	Liang 等(2018a)
柴油	44.5	陈阜(2011)	3.32	刘巽浩等(2013)
电力	12.5	陈阜(2011)	0.92	刘巽浩等(2013)
肥料				
N	92	梁龙(2009)	8.3	Meng 等(2017)
P_2O_5	21	梁龙(2009)	1.5	Meng 等(2017)
K	13.1	梁龙(2009)	0.98	Meng 等(2017)
有机肥	2.7	陈阜(2011)	0.22	刘巽浩等(2013)
农药	240	梁龙(2009)	18	Liang 等(2018a)
灌溉用水	1	Yuan 等(2017)		
地膜	83.1	Yuan 等(2017)	2.49	杨倩苗(2009)
钢材	56.6	Yuan 等(2017)	8.87	杨倩苗(2009)
LDPE 膜	89.3	Yuan 等(2017)	2.8	杨倩苗(2009)
种子				
小麦	22	陈阜(2011)	1.16	刘巽浩等(2013)
玉米	19	陈阜(2011)	1.22	刘巽浩等(2013)
小米	16	陈阜(2011)	0.84	刘巽浩等(2013)
番茄	22	Canakci 等(2006)	1.16	刘巽浩等(2013)
西瓜	22	Ozkan 等(2005)	1.16	刘巽浩等(2013)
产出				
小麦	16.3	陈阜(2011)		
玉米	16.3	陈阜(2011)		
小米	16.1	陈阜(2011)		
西瓜	1.9	Ozkan 等(2004)		
番茄	0.8	Canakci 等(2006)		
桃	1.9	Royan 等(2012)		
板栗	11.8	Hatirli 等(2005)		

此外，我们采用了一系列与能量利用效率相关的指标来评估和比较不同的农业模式，包括不可再生能量比（NER）、可再生能量比（RER）、单位面积的能量投入（EIPA）、单位面积的能量输出（EOPA）、净能量（NE）、能量生产率（EP）和能量产出比（SE）。此外，总产值（TPV）、产投比（BCR）和经济生产力（PR）也用于反映经济效率。表 6-6 列出了每个指标的方程式和计算方法。

表 6-6　能量利用效率及经济分析相关指标

指标	缩写	单位	计算	参考
不可再生能量比	NER	%	不可再生能量/总能量输入	Liang 等(2018b)
可再生能量比	RER	%	可再生能量/总能量投入	Liang 等(2018b)
单位面积的能量投入	EIPA	$GJ \cdot hm^{-2}$	能量输入/播种面积	Yuan 等(2017)
单位面积的能量产出	EOPA	$GJ \cdot hm^{-2}$	能量输出/播种面积	Yuan 等(2017)
能量利用率	EUE		能量输出/能量输入	Hatirli 等(2005)
净能量	NE	$GJ \cdot hm^{-2}$	能量输出－能量输入	Hatirli 等(2005)
能量生产率	EP	$kg \cdot MJ^{-1}$	经济产出/能量投入	Hatirli 等(2005)
能量产出比	SE	$MJ \cdot kg^{-1}$	能量投入/经济产出	Abdi 等(2012)
总产值	TPV	元$\cdot hm^{-2}$	收益率×商品价格	Abdi 等(2012)
净收益	NR	元$\cdot hm^{-2}$	总产值－总生产成本	Abdi 等(2012)
产投比	BCR		总产值/总生产成本	Abdi 等(2012)
经济生产力	PR	$kg \cdot$元$^{-1}$	产量/总生产成本	Abdi 等(2012)

3.环境评估

像 Pérez-Neira 和 Grollmus-Venegas（2018）一样，我们使用生命周期评价（LCA）计算了不同农业模式的碳足迹和水消耗量。碳足迹计算包括 CO_2、CH_4 和 N_2O，通过使用 CH_4 和 N_2O 的全球变暖潜值（分别为 21 CO_2eq 和 298 CO_2 eq）实现归一化。Liang 等（2018a）对 LCA 方法进行了详细论述。本研究中我们使用每公顷农田生产面积和每吨农产品两个功能单位，系统边界从摇篮到农场大门，由两个子系统组成，即农资子系统（农田生产前端子系统）和农作子系统（场中子系统）。前者包括煤、石油、天然气等原材料的开采、加工和运输；以及化肥、农药等农资投入的生产、包装和运输等；后者包括各种农业模式在农田生产的投入、产出以及对环境的相关排放。

碳足迹和水消耗量根据式(6-2)和式(6-3)计算。对于农资子系统,与农业投入相关的碳足迹和水消耗量值来自梁龙(2009)的研究(表6-5)。对于农作子系统,根据施肥率和土壤类型,与肥料使用相关的 N_2O 排放系数参考 Liao 等(2016)和郭金花(2016)的研究成果;与各种农业模式相关的 N_2O 排放系数,谷物生产、蔬菜生产、园地生产和有机生产分别参考 Ju 等(2009)、陈海燕等(2012)、刘洪星(2016)和 Meng 等(2017)的研究成果。灌溉用水量从农户调查中获得(表6-2)。

$$C_{总} = C_{前端子系统} + C_{场中子系统} \tag{6-2}$$

$$W_{总} = W_{前端子系统} + W_{场中子系统} \tag{6-3}$$

4.综合绩效评估

在仲艳维(2014)、Liang 等(2018b)研究成果基础上,本研究以每公顷农业生产面积为单位对各种都市农业模式进行多指数综合评估,以进一步量化各种农业模式的总体表现。综合指标包括三个方面(能量、经济和环境)四个影响因子(即能量利用效率、净利润、碳足迹和水消耗),使用式(6-4)计算:

$$I_c = \sum\left[W\left(\frac{AP_i}{R_i}\right)\right] \tag{6-4}$$

式中:I_c 为综合指数;W 为四个影响因子的权重系数,分别为0.33、0.33、0.17和0.17(仲艳维,2014;Liang 等,2018b);AP_i 为农业模式的第 i 种影响因子的数值,R_i 是第 i 种影响因子的参考值。参考值统一选取2010年数据,能量利用效率、净利润、碳足迹和水消耗参考值分别为2.64(刘巽浩等,2013)、12472元 $\cdot hm^{-2}$(罗丹等,2017)、7864 kg CO_2 eq·人$^{-1}$·年$^{-1}$和452 m^3·人$^{-1}$·年$^{-1}$(Liang 等,2018a)。碳足迹和水消耗的结果采用负值计算,因为它们给环境带来了生态压力。

6.3 都市农业多视角分析

6.3.1 能量投入产出和能量使用效率

6种都市农业模式每公顷总能量投入在62～623 GJ·hm^{-2},总能量输出在45～245 GJ·hm^{-2}区间变化(表6-7)。最高的能量输入是西瓜-番茄的温室生产模式(623 GJ·hm^{-2};AP3),其次是露地大桃(254 GJ·hm^{-2};AP4)和有机小米(220 GJ·hm^{-2};AP6)。然而,最高的能量输出是冬小麦-夏玉米轮作模式(245 GJ·hm^{-2};

AP2)，其次是西瓜-番茄的温室生产(150 GJ・hm^{-2}；AP3)和春玉米(146 GJ・hm^{-2}；AP1)。与经济作物和有机作物相比，传统的谷物种植具有总能量投入相对较低而总输出较高的优点。传统的谷物种植主要利用不可再生能量作为投入，春玉米和冬小麦-夏玉米的不可再生能比例分别为77.1%和78.7%(表6-7)，主要来自复合肥和电力消耗(分别为44%～49%和14%～18%)，少量来自机械使用、柴油燃料和灌溉用水(图6-1)。其次，不可再生能消耗占比较高的是温室西瓜-番茄生产，达60.3%，该模式中，贡献最大的是温室建筑(图6-1)。在露天大桃模式中，可再生和不可再生能投入的贡献几乎相同(分别占总能量投入的51.5%和48.5%，表6-7)。对于该系统，堆肥是主要的可再生能量输入；不可再生能投入主要源于化肥、电力和机械使用(图6-1)。包括板栗、小米在内的有机生产模式几乎完全依赖可再生能投入(95%～99%，表6-7)，这主要与堆肥及应用有关(图6-1)。

本研究以总能量产出与总能量投入之比计算能量利用效率(EUE)，6种模式的结果见表6-7。传统谷类种植拥有最高能量利用效率，春玉米和冬小麦-夏玉米连作分别为2.4和2.0。其他农业模式的效率均小于1(0.20～0.51，见表6-7)。温室西瓜-西红柿和有机小米模式因为总能量投入非常高，导致能量利用效率特别低。最高的净能量(NE)是冬小麦-夏玉米连作(123 GJ・hm^{-2})，其次是春玉米(84 GJ・hm^{-2}，表6-7)。其他生产系统的净能量为负值，从有机板栗的－68 GJ・hm^{-2}到温室西瓜-番茄的－473 GJ・hm^{-2}，表明能量投入超过产出。此外，能量生产率(EP)是经济产量和能量投入的比率(表6-7)，西瓜-番茄的温室生产为0.18 kg・MJ^{-1}(表6-7)，即每兆焦耳能量投入产出0.18 kg经济产出，其次是露地大桃(0.16 kg・MJ^{-1})和春玉米(0.14 kg・MJ^{-1})。有机板栗和小米两种有机产品的能量生产率要低得多，分别为0.04 kg・MJ^{-1}和0.01 kg・MJ^{-1}，表明每单位产品的能量投入较其他模式要高得多。

表6-7　北京都市圈6种都市农业模式的能量利用效率

项目	单位	AP1	AP2	AP3	AP4	AP5	AP6
NER	%	77.1	78.7	60.3	48.5	—	4.9
RER	%	22.9	21.3	39.7	51.5	100	95.1
EIPA	GJ・hm^{-2}	62	122	623	254	138	220
EOPA	GJ・hm^{-2}	146	245	150	76	70	45
EUE		2.4	2.0	0.24	0.30	0.51	0.20

续表 6-7

项目	单位	AP1	AP2	AP3	AP4	AP5	AP6
NE	$GJ \cdot hm^{-2}$	84	123	−473	−177	−68	−175
EP	$kg \cdot MJ^{-1}$	0.14	0.12	0.18	0.16	0.04	0.01
SE	$MJ \cdot kg^{-1}$	6.9	8.1	5.7	6.3	23.3	79.0

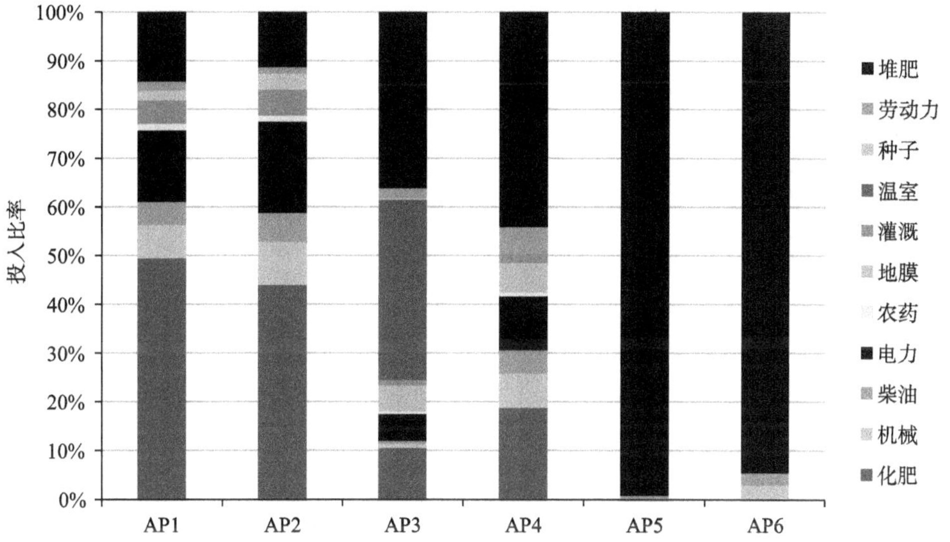

图 6-1　北京都市圈 6 种都市农业模式能量投入

6.3.2　经济投入产出和收益

每公顷生产面积净回报率最高的是温室西瓜-番茄生产(约 15 万元·hm^{-2},表6-3)。其次是有机小米、露地大桃和有机板栗(分别为 84037 元·hm^{-2},53655 元·hm^{-2} 和 18935 元·hm^{-2})。相比之下,传统谷物生产的净回报率非常低(0.5 万～1 万元·hm^{-2})。这些结果反映了不同农业生产模式在产量、销售价格和生产总成本等方面的差异(表 6-3)。例如,产量从有机小米不到 3000 $kg \cdot hm^{-2}$ 到超过 100000 $kg \cdot hm^{-2}$ 的西瓜-番茄温室生产(表 6-2)。销售价格从春玉米的 1.9 元·kg^{-1} 到有机小米的37 元·kg^{-1} 等。虽然有机生产的经济生产力(kg·元$^{-1}$)最低,但较高的销售价格意味着整体上有机小米的产投比最高(5.47),有机板栗第二(2.11)。最低的产投比是春玉米(1.43)(表 6-3)。

图 6-2 显示了 6 种模式的生产成本明细。传统的谷物生产，劳动力投入占生产成本的 50%～60%，其次是化肥投入(20%～25%)。其他投入，如机械、种子、灌溉和农药占据剩余比例。相比之下，温室西瓜-番茄生产成本中，劳动力占比不到 40%，种子和温室基础设施占据成本重要部分。对于露地大桃，劳动力占生产总成本的近 85%。在有机生产中，肥料是最重要的成本要素，超过了劳动力成本。

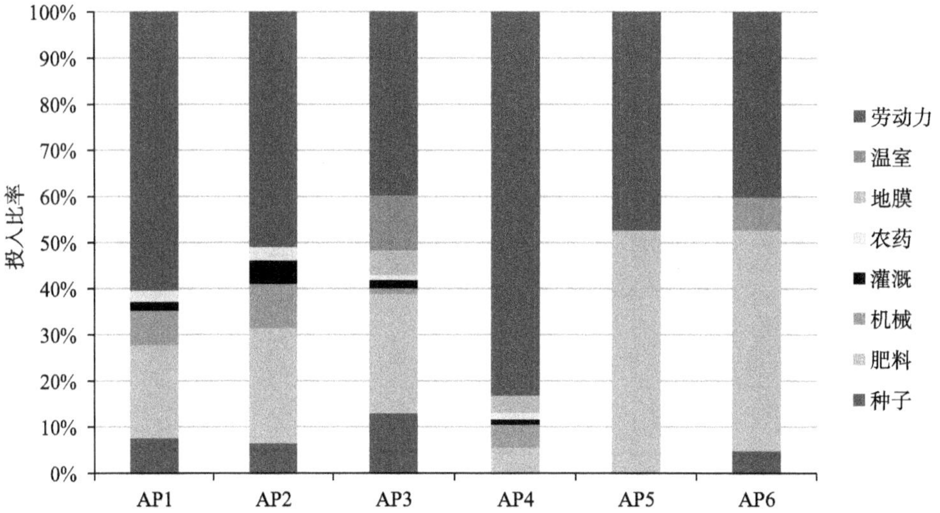

图 6-2　北京都市圈 6 种都市农业模式的经济成本

6.3.3　环境绩效和评估

6 种都市农业模式的每公顷生产面积的碳足迹(CF)为 5900～58679 kg CO_2 eq・hm^{-2}(表 6-8)。数值最高的是西瓜-番茄生产(58679 kg CO_2 eq・hm^{-2}，AP3)，其次是露地大桃(24199 kg CO_2 eq・hm^{-2}，AP4)，有机小米(16920 kg CO_2 eq・hm^{-2}，AP6)，有机板栗(16452 kg CO_2 eq・hm^{-2}，AP5)；冬小麦-夏玉米(11149 kg CO_2 eq・hm^{-2}，AP2)和春玉米(5900 kg CO_2 eq・hm^{-2}，AP1)。具体到每种模式，温室西瓜-番茄生产，对 CF 贡献最高来自有机肥料(43%)，其次是钢材(26%)，氮肥(8%)和 LDPE 膜的使用(7%)(图 6-3)。对于露地大桃，主要的温室气体排放源来自有机肥料，氮肥和农作子系统消耗(分别为 52%，13%和 10%)。有机肥料和农作子系统消耗也是有机板栗(AP5)和有机小米(AP6)生产温室气体排放的主要来源。相比之下，化学氮肥对冬小麦-夏玉米(AP2)和春玉米(AP1)产量的碳足迹贡献最大(分别为 40%和 42%，图 6-3)。

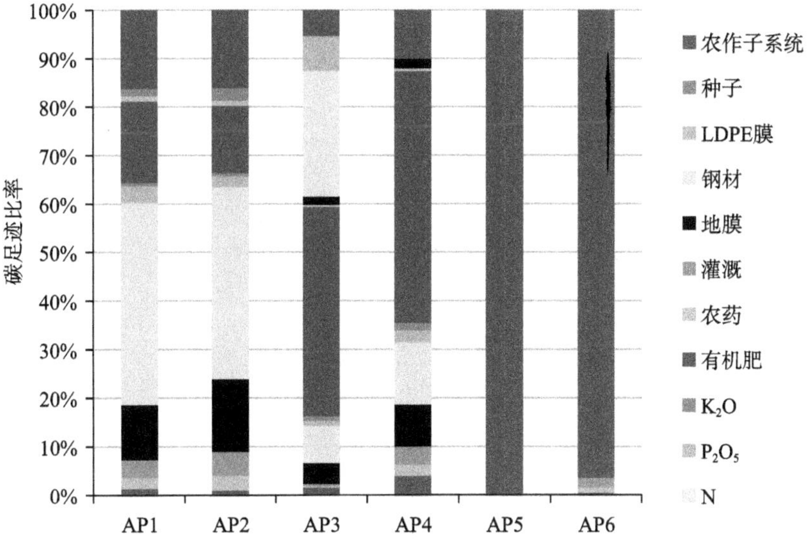

图 6-3　北京都市圈 6 种都市农业模式的生产碳足迹

有机小米每吨经济产品碳足迹最高(6087 kg CO_2 eq·t^{-1},AP6),其次是有机板栗(2778 kg CO_2 eq·t^{-1},P5),冬小麦-夏玉米(743 kg CO_2 eq·t^{-1},AP2),春玉米(659 kg CO_2 eq t^{-1},AP1),露地大桃(601 kg CO_2 eq·t^{-1},AP4)和温室西瓜-番茄(533 kg CO_2 eq·t^{-1},AP3)(表 6-8)。

表 6-8　北京都市圈 6 种都市农业模式的碳足迹　　kg CO_2 eq·t^{-1}

项目	AP1	AP2	AP3	AP4	AP5	AP6
劳动力	77	112	921	960	77	72
机器	136	339	164	567	0	202
柴油	217	544	264	909	0	326
电力	667	1667	2538	2070	0	0
N	2458	4416	4476	3126	0	0
P_2O_5	206	250	633	570	0	0
K_2O	36	72	546	368	0	0
有机肥料	990	1540	25300	12589	15400	13266
农药(折纯)	66	121	247	138	0	0
灌溉	0	0	0	0	0	0

续表 6-8

项目	AP1	AP2	AP3	AP4	AP5	AP6
地膜	0	0	989	467	0	0
钢材	0	0	15256	0	0	0
LDPE 膜	0	0	4166	0	0	0
种子	85	285	70	0	0	8
农资子系统	4938	9345	55570	21764	15477	13874
农作子系统	962	1804	3109	2435	975	3046
总计	5900	11149	58679	24199	16452	16920
总计 (kg CO_2 eq·t^{-1})	659	743	533	601	2778	6087

注：AP1：春玉米，AP2：冬小麦-夏玉米，AP3：西瓜-番茄，AP4：露地大桃，AP5：有机板栗，AP6：有机小米。

6 种都市农业模式每公顷生产面积水资源消耗量为 0.5～7256 m^3（表 6-9）。温室西瓜-番茄生产水资源消耗最大（7256 $m^3·hm^{-2}$，AP3），其次是冬小麦-夏玉米轮作（6518 $m^3·hm^{-2}$；AP2），露地大桃（4636 $m^3·hm^{-2}$，AP4）和春玉米（2951 $m^3·hm^{-2}$，AP1）。有机板栗和有机小米的用水量可以忽略不计，因为依赖自然降水而不是灌溉。对于 AP1～AP4 模式，农作子系统中灌溉占总用水量约 98%。农资子系统及农资生产消耗用水相对较小，其中，冬小麦-夏玉米轮作每吨经济产品农资子系统用水量最高（435 $m^3·t^{-1}$，AP3），其次是春玉米（330 $m^3·t^{-1}$，AP1），露地大桃（115 $m^3·t^{-1}$，AP4），温室西瓜-番茄（66 $m^3·t^{-1}$，AP3）和有机小米（0.2 $m^3·t^{-1}$，AP6）。显然，碳足迹较高的农业模式耗水量并非同样偏高，因此对各种都市农业模式需要进行综合评估。

表 6-9　北京都市圈 6 种都市农业模式的用水量　　$m^3·hm^{-2}$

项目	AP1	AP2	AP3	AP4	AP5	AP6
柴油	0.4	0.9	0.4	1.5	0	0.5
电力	1.9	4.8	7.3	6	0	0
N	48.2	86.7	87.9	61.5	0	0
P_2O_5	18.8	22.9	57.8	52.1	0	0
K_2O	1.5	3	22.6	15.3	0	0
农药	0.01	0.02	0.05	0.03	0	
农资子系统	70.8	118.3	176.1	136.3	0	0.5

续表 6-9

项目	AP1	AP2	AP3	AP4	AP5	AP6
农作子系统	2880	6400	7080	4500	0	0
总计	2951	6518	7256	4636	0	0.5
总计($m^3 \cdot t^{-1}$)	330	435	66	115	0	0.2

注:AP1:春玉米,AP2:冬小麦-夏玉米,AP3:西瓜-番茄,AP4:露地大桃,AP5:有机板栗,AP6:有机小米。

6.3.4 综合性能

对6种都市农业模式进行综合评估的结果见表6-10。考虑到能量利用效率、净效益、碳足迹和耗水量,有机小米(AP6)的综合表现最高,综合指数值为1.8830。其次是有机板栗(0.2091;AP5),西瓜-番茄温室生产(−0.0029;AP3),春玉米(−0.8028;AP1)和露地大桃(−0.8096;AP4)。冬小麦-夏玉米综合指数值较低(−2.1771;AP2)。

表 6-10 北京都市圈6种都市农业模式综合指数

项目	能量利用效率	净收益(元·hm^{-2})	碳足迹($kg\ CO_2\ eq \cdot hm^{-2}$)	耗水量($m^3 \cdot hm^{-2}$)	综合指数	排序
AP1	2.4	5075	−5899.9	−2950		
AP2	2	10030	−11149.3	−6518		
AP3	0.24	149840	−58678.9	−7256		
AP4	0.3	53655	−24199.3	−4636		
AP5	0.51	18935	−16452	0		
AP6	0.2	84037	−16920.4	0.5		
参考值	2.64	12472	7864	452		
加权值	0.33	0.33	0.17	0.17		
AP1 指数	0.3000	0.1343	−0.1275	−1.1095	−0.8028	4
AP2 指数	0.2500	0.2654	−0.2410	−2.4515	−2.1771	6
AP3 指数	0.0300	3.9647	−1.2685	−2.7290	−0.0029	3
AP4 指数	0.0375	1.4197	−0.5231	−1.7436	−0.8096	5
AP5 指数	0.0638	0.5010	−0.3557	0.0000	0.2091	2
AP6 指数	0.0250	2.2236	−0.3658	0.0002	1.8830	1

6.4 国内外比较分析

6.4.1 能量利用效率分析

研究结果表明，在北京市各种都市农业模式中，常规谷物生产的能量利用效率(EUE)AP1 和 AP2 分别为 2.4 和 2.0，远高于包括有机经济作物生产在内的其他农业模式(阈值为 0.20～0.51)。这一发现与其他区域的类似研究相似，综合各种研究，集约化谷物种植的 EUE 最高(表 6-11)。刘巽浩等(2013)的研究表明，中国谷物作物的平均 EUE 为 2.64。但是，各种研究表明，其他国家和地区这一数值还要高得多(表 6-11)，小麦和玉米 EUE 甚至高达 7.6 和 8.8(Alluvione 等，2011)。这表明，北京都市农业的谷物种植模式，EUE 还有进一步改善的空间。

经济作物生产模式中，西瓜-番茄和桃类模式的 EUE 分别为 0.24 和 0.30(表 6-7)。然而，伊朗的温室黄瓜和番茄 EUE 值为 0.7 和 1.5(Heidari 等，2011)，其他经济作物的 EUE 值为 0.4～2.0(表 6-11)。可见，北京市都市农业中经济作物生产的 EUE 还有提升潜力。人们普遍发现，集约化经济作物的净能量(NE)为负值(表 6-7 和表6-11)，意味着能量输入超过能量输出。然而，北京都市农业中集约化经济作物的 NE 值(例如，露天桃子和西瓜番茄生产为－177 GJ $\cdot$ hm^{-2} 和－477 GJ $\cdot$ hm^{-2})远远高于其他地区的类似作物，可见经济作物的经济效益是以极高的能量投入为代价(表 6-7)。

在有机生产系统方面，中国板栗和小米的 EUE 值分别为 0.51 和 0.20，高于其他地区的同类产量(希腊有机桃为 0.2，美国有机蔬菜为 0.03，见表 6-11)。所有接受调查的有机生产模式净能量(NE)均为负值，北京都市农业模式中板栗和小米分别为－68 GJ $\cdot$ hm^{-2} 和－175 GJ $\cdot$ hm^{-2}，与希腊的有机桃生产(－63.5 GJ $\cdot$ hm^{-2})相似。

与其他国家和地区类似农业生产模式相比，北京都市农业生产中谷物和经济作物的产量与其他区域相似，甚至高于其他区域(表 6-12)。然而，北京都市农业模式中的 EUE、NE 等和作物生产相关指标数值普遍较低(表 6-7 和表 6-11)。表 6-12 显示，在北京都市农业中，玉米、番茄和桃类生产的能量投入比土耳其、意大利、印度尼西亚和希腊的类似农业生产高出 3 倍、2.8～4.1 倍和 13.5 倍。造成这种差异的主要原因是北京都市农业中肥料使用量过大、更高的用电量和灌溉量(表 6-12)。这表明，在北京都市农业中，提高资源利用效率存在较大空间，特别是提高肥料利用效率将是一项重要措施。此外，对于蔬菜生产，改善温室基础设施的建设将是另一个优先选项(表 6-12)。

表 6-11 不同国家各种作物的能量利用效率

项目	单位	小麦	玉米	温室黄瓜	温室西红柿	露地番茄	橘子	草莓	西瓜	桃子	传统大桃	集约大桃	有机大桃	有机蔬菜
NER	%	74.7	97.5	94	90	87.7	82.5	0.94	97.4	82.4	65.2	61.7	71	28.7
RER	%	25.3	2.5	6	10	4.6	17.5	0.06	2.6	17.6	34.3	38.3	28	71.3
EUE		2.8	3.8	0.7	1.5	0.7	0.9	0.2	2.0	0.6	0.4	0.7	0.2	0.03
NE	$GJ\cdot hm^{-2}$	33.7	71.4	−44.1	63.6	−13.6	−8.2	−683	32.5	−16.6	−97.8	−35.4	−63.5	−1946
EP	$kg\cdot MJ^{-1}$	0.2	0.3	0.6	1.4	0.9	0.4	0.1	1.0	0.3	0.2	0.4	0.1	0.02
SE	$MJ\cdot kg^{-1}$	5.2	3.9	1.8	0.7	1.1	2.3	12.6	1.0	3.4	4.6	2.3	7.2	66.6
国家		土耳其	土耳其	伊朗	伊朗	土耳其	伊朗	伊朗	土耳其	伊朗	希腊	希腊	希腊	美国

表 6-12　不同地区不同农业系统的能量投入产出

MJ·hm^{-2}

项目	玉米	玉米	玉米	温室番茄	温室番茄	温室番茄	集约大桃	有机大桃	集约大桃
劳动力	240.4		1134	31274	12142	6748	994	10309	14062
柴油	9897		2914	19455	4505	1766	33211	11431	12189
种子	393		1330			660			
肥料	13473	13000	39407	31374	21544	88081	11834	2925	159569
农药	336	400	881	11640	7424	2031	2351	2851	1843
机械	1246	6000	4286	13006	835	1766	21437	38585	17924
电力			9062	15365	754	10500			28125
灌溉		4200	2938		416	33300	41776	15316	4590
作物				7000		0			
地膜				25036		16497			15581
大棚				316801		115081			
总投入	25585	23600	61951	470951	47619	276430	111603	81417	253883
总产量(kg·hm^{-2})	6600	11133	8948	188950	50400	53970	47990	11300	40260
总产量	97020	181468	145844	151160	32256	43176	91181	21470	76494
地区	土耳其	意大利	中国	土耳其	印度尼西亚	中国	希腊	希腊	中国
参考文献	Canakci 等(2005)	Alluvione 等(2011)	本研究	Canakci 等(2006)	Kuswardhani 等(2013)	本研究	Michos 等(2012)	Michos 等(2012)	本研究

6.4.2 经济绩效分析

在北京都市农业中，除了露地大桃生产外，经济作物（包括蔬菜，水果和有机生产）实现了更高的净回报（表 6-3）。西瓜-番茄、有机板栗和有机小米生产的产投比分别为 1.99、2.11 和 5.47，高于传统谷类作物（春玉米和冬小麦-夏玉米为 1.43 和 1.49）。因此，向经济作物调整发展都市农业可以实现农民增收和增加就业的预期目标。

一般来说，经济作物和有机作物具有较高的效益成本比（BCR）。在土耳其，Canakci 等（2006）研究表明，番茄、辣椒、黄瓜和茄子温室生产的 BCR 分别为1.57、1.15、1.29 和 1.10。Heidari 等（2011）确定温室黄瓜和番茄生产的效益成本比分别为 1.68 和 3.28。其他研究人员报告了类似的结果，例如，温室葡萄为 1.83（Ozkan 等，2007），橙子为 2.37（Ozkan 等，2004），油菜籽为 2.09（Canakci 等，2006），有机和传统农业模式下的杏分别为 2.13 和 2.14（Gundogmus，2006）。因此，扩大经济作物生产的规模和提升经济作物生产的经济绩效是大多数国家在城市化进程中的优先选择（Michos 等，2012；Wei 等，2016）。

至于生产的经济成本，在本研究中，劳动力投入占这些作物总生产成本的 40%～85%（图 6-2），其次是肥料（5%～53%），机械成本（0%～10%）。对于露地桃生产，劳动力成本达到约 85%。其他研究结果也基本相似。例如，Royan 等（2012）发现劳动力成本是伊朗桃生产中最重要的因素。Banaeian 等（2013）评估了草莓生产，并观察到运输和劳动力是生产的主要成本要素。Canakci 等（2006）发现劳动力和化肥在温室蔬菜生产成本中占比最高。显然，对于经济作物生产来说，提高劳动生产率至关重要。这可以通过适度扩大生产规模、采用现代技术来节省劳动力成本（Eigenbrod 等，2015；Wei 等，2018）。

6.4.3 环境影响分析

在本研究中，碳足迹和水消耗量用于评估北京都市农业中不同农业模式的环境绩效。事实上，在过去十年中，环境风险评估和减轻都市农业环境负荷一直是研究人员的主要关注点。发展 PUA 可能有助于缩短食品供应链，减少食品生产系统的温室气体排放（Benis 等，2017）。Kulak 等（2013）证实了温室生产能实现高产和高效的有机结合。He 等（2016），Meng 等（2017），Marinez 等（2018）证实了有机生产是减少温室气体排放和其他环境负荷（如硝酸盐淋溶和酸化）的有效措施。发达的 PUA 通常被视为改善食品系统环境负荷的一种手段。

然而，在本研究中，都市农业被发现比其他地区的集约化生产排放更多的温室气体。Xu 和 Lan(2017)研究表明，中国小麦和玉米的平均产品碳足迹为 0.5 kg CO_2 eq $\cdot kg^{-1}$ 和 0.4 kg CO_2 eq $\cdot kg^{-1}$，基于农场规模的温室气体排放量 2800 kg CO_2 eq $\cdot hm^{-2}$ 和 2707 kg CO_2 eq $\cdot hm^{-2}$。在一项基于全球范围的研究中，Clune 等(2017)证实各类农产品平均碳足迹，包括谷物(0.5 kg CO_2 eq $\cdot kg^{-1}$)、被动温室中的水果和蔬菜(1.1 kg CO_2 eq $\cdot kg^{-1}$)、桃子(0.54 kg CO_2 eq $\cdot kg^{-1}$)、栗子(0.43 kg CO_2 eq $\cdot kg^{-1}$)、被动温室中的番茄(0.67 kg CO_2 eq $\cdot kg^{-1}$)和小米(0.67 kg CO_2 eq $\cdot kg^{-1}$)等。Michos 等(2012)报告称，希腊传统、集约和有机桃生产每公顷生产面积的碳足迹分别为 5020、4769 和 1794 kg CO_2 eq$\cdot kg^{-1}$，每千克产品的相应值分别为 0.15、0.10、0.16 kg CO_2 eq。

人们通常认为有机农业有助于减少碳足迹(He 等，2016；Meng 等，2017)。然而，在本研究中，有机生产模式的碳足迹远远高于其他地方(Clune 等，2017)。北京都市农业中氮输入量增加是碳足迹居高不下的主要原因(表 6-2 和表 6-4)。巨晓棠等(2014)，陈冬冬等(2008)建议谷物、水果和蔬菜生产氮素输入量分别为 180～200、250 和 300 kg $\cdot hm^{-2}\cdot$季$^{-1}$。然而，在本研究中，谷物、水果和蔬菜生产的氮投入量约为专家推荐量的 1.5～3 倍。因此，在北京都市农业中，关于常规、集约化和有机生产，调整整体结构是第一步，但优化肥料、水和农药的使用对于实现较低温室气体排放、高效生产的目标至关重要。仅仅从传统农业模式转向经济和有机作物生产似乎不太可能实现温室气体低排放。

与碳排放分析相比，较少研究人员关注都市农业生产中的水资源消耗问题(Mirreri 等，2007；Liang 等，2018a，2018b)。然而，华北地区的人均水资源拥有量为 $<500\ m^3$，北京地区的水资源更加稀缺，人均低至 $<100\ m^3$(Liang 等，2018b)。因此，水资源利用效率是北京地区实现可持续发展的一个特别重要的因素。基于 LCA 方法，Liang 等(2018a)计算出中国河北省每千克小麦和玉米的用水量分别为 0.44 m^3 和 0.23 m^3。Martinez 等(2018)，Vinyes 等(2017))评估了西班牙每千克有机蔬菜和桃生产的用水量，数值仅为 0.027 m^3 和 0.3 m^3。基于这一基准，可以看出北京都市农业中谷物和蔬菜生产中提高用水资源利用效率还大有空间(表 6-9)。

6.4.4 多维度分析和综合性能

显然，北京不同都市农业模式的综合指数相差较大，这主要取决于它们的 EUE (AP1＞AP2＞AP5＞AP4＞AP3＞AP6)、每公顷生产面积的净收益率(AP3＞AP6＞AP4＞AP5＞AP2＞AP1)、单位生产面积的温室气体排放量(AP1＞AP2＞AP5＞

AP6＞AP4＞AP3)，还有每公顷水资源消耗(AP5＞AP6＞AP1＞AP4＞AP2＞AP3)。当综合评估中将这四个因素结合起来时，排名最优是有机小米(AP6)，其次是有机板栗(AP5)、西瓜-番茄(AP3)、春玉米(AP1)、露地桃(AP4)和冬小麦-夏玉米生产(AP2)(表 6-10)。经济作物的综合效益高于常规谷物生产，这一结果在很大程度上符合北京市发展都市农业战略的最初愿景，正是该战略导致北京市推行从谷物生产到有机和经济作物生产的结构调整(表 6-1)。

发展都市农业以实现经济、社会和环境多元目标共赢是世界众多地区的共同挑战(Zasada，2011；Peng 等，2015；Pribadi 等，2016；Wei 等，2016)。Pribadi 和 Pauleit(2016)使用多变量技术和地理加权回归分析村庄和地区的统计数据，以探索农业活动、都市经济活动和粮食安全之间的内在关系。Wei 等(2016)选取 13 项与环境、经济和社会方面相关的指标，分析北京市城郊的生猪生产。Peng 等(2015)使用层次分析法评估了都市农业的社会、经济和环境效益。Pérez-Neira 和 Grollmus-Venegas(2018)使用能量和碳指标来评估西班牙都市园艺的环境和经济效益。Li 等(2015)选择了接触性、敏感性和适应能力三个指标，并设计了加权，以此对中国农业脆弱性进行综合评估。Liang 等(2018b)选择与能量、环境、经济和生态方面相关的四个指标来评估北京市政府的农业生态工程项目。在本研究中，我们选择了与能量、经济和环境层面有关的四个指标。在所有案例中，当需要同时考虑社会、环境和经济各方面时，综合评估结果有助于为决策、监测和评估提供宝贵的参考。如果没有综合评分及其公开透明的评估结果，对各种模式评价就可能成为临时性的或受到个别偏见的影响从而失去精准性。

6.4.5 敏感性分析

在北京市发展都市农业希望实现多元目标。如上所述，经济和有机作物生产为农民提供了比种植谷物更好的经济回报。至于粮食安全，据估计，都市农业生产了世界食品供应总量的 20%，包括营养丰富的水果和蔬菜(Lovell，2010；Poulsen，2015)。因此，PUA 为发达国家和发展中国家的食品安全做出了重要贡献(Zezza 和 Tasciotti，2010；Godfray 和 Beddington，2010；Mkwambisi 和 Fraser，2011)。在中国，在过去几十年中，人均谷物消费量一直在下降，而蔬菜和水果消费量一直在增加(Xu 和 Lan，2017)。可以看出，经济作物的产量高于谷类生产，而单位产品的 CF 和用水量较少(表 6-3、表 6-8 和表 6-9)。因此，在北京，政府的政策支持扩大了水果和蔬菜生产区域，与谷物种植相比，这些区域和生产模式具有更好的经济和环境效益。然而，北京人口的持续增长使粮食自给率降至 8%以下(刘珍环等，2016)，这意味着粮食供应链随时可能中断，极具脆弱性。事实上，在中国，不仅北京，其他特大城市也面临着类似的问题（Wei 等，2016；刘珍环等，2016）。因此，谷物、经济和其他作物的适当组合并不是个简单的问题，需要不断进行精准分析。此外，还有一个问题是如何提高农业职业的吸引力，可能需要通过政府采取行动，如补贴支付，以此来激励未来参与农业群体获得相应的经济回报。

关于环境方面，本研究考虑了两个指标，即碳足迹和水资源消耗。在第 6.3.1 节和第 6.3.3 节分析中，确定氮肥的过量施用是相对较低的 EUE 和较高 CF 的主要原因。Ju 等(2009)，Ju 和 Gu (2014)，Ju 等 (2012)的研究表明，氮肥投入减少 40%～60%不会影响谷物和蔬菜的产量。因此，我们进行敏感性分析，假设小麦、玉米、水果、蔬菜生产的氮肥投入量分别降至 180、190、250 和 300 kg·hm^{-2}，产量和其他投入量保持不变。按照第 6.2 节中描述的相同方法，结果显示了假设的正确性。但有机板栗生产例外，因为调查报告的氮肥输入低于推荐量。当敏感性分析结果以每公顷农田为功能单位进行表示时，较低氮肥投入情景下的能量利用效率提高了30%～350%，净收益提高了 5%～18%，碳足迹也下降了 32%～79%。因此，氮可能是改善北京市都市农业模式的各种指标的关键因素。在较低的氮输入情景下，都市农业模式的排名仅略有变化：AP6＞AP3＞AP5＞AP4＞AP1＞AP2。因此，敏感性分析证实了在北京市城郊地区发展有机和经济作物具有较好优势。

此外，Li 等(2015)，Liang 等(2018b)强调，在采用多指标方法进行综合评估过程中，选择不同的指标、参考值和加权系数有可能改变最终结果。如上所述，发展都市农业倾向于优先考虑减少粮食系统温室气体排放的目标（Kulak 等，2013；Goldstein 等，2016；Pérez-Neira 和 Grollmus-Venegas，2018）。因此，在综合评估过程中，敏感性分析发现，如果碳足迹是唯一的环境指数，即不包括水资源消耗，权重系数从 0.17 增加到 0.34。进行这些设置后，都市农业模式的排名明显变化为：AP3＞AP6＞AP4＞AP1＞AP2＞AP5。这一结果使人们意识到制定合理选择指标和权重的重要性。北京地区存在严重缺水现象，如果不同时考虑水资源消耗仅仅进行温室气体减排设计是不科学的。

6.5 都市农业的未来与挑战

自 2000 年以来，北京地区的人口从 1360 万迅速增长到 2100 多万，带来了大规模的社会、经济和环境变化。就农业部门和产业而言，政府政策倾向于支持经济作物、蔬菜、水果和有机谷物生产，而传统谷物生产面积和产量均下降。本研究比较了6种农业模式的能量使用效率、经济和环境绩效，包括两种传统谷物、两种经济作物和两种有机作物，这些农业模式被认为广泛代表了目前都市农业的多样性。研究结果支持以下结论：

(1)在能量使用效率方面，传统谷物种植的能量投入最低，因此能量利用效率最高，净能量产出为正值。因此，为了确保粮食安全，谷物生产应仍然是北京市政府发展都市农业的重要组成部分。然而，从经济角度来看，经济作物和有机作物的回报率要高得多。水果和蔬菜作物也能获得更高的产量。更高的经济回报对于维护和提升生活在城郊地区的农民的生计非常重要。它们对支持城郊地区农业的经济可持续性也很重要。高效生产系统如西瓜和番茄的温室生产，可以增加城市食品自我保障供应的比例，减少对远程供应链的依赖。相比之下，有机种植的作物虽然价值高，但产量低于传统种植的谷物，提高产量是未来的优先选项。因此，经济和有机作物生产面积的扩大可能是北京市政府以及中国其他特大城市城郊地区发展都市农业的必然趋势。从环境角度来看，按面积计算，经济作物和有机作物的碳足迹高于谷类作物。然而，由于产量的差异，经济作物的单位产品的碳足迹低于谷物，而有机产品的碳足迹高于谷物和经济作物。基于单位产品的经济作物和有机生产的水资源消耗远低于谷物产品。显然，各种都市农业模式有各自的优点和缺点。在综合评估中依据综合指数，各农业模式的总体排名为：AP6＞AP5＞AP3＞AP1＞AP4＞AP2。因此，北京市的政策导向更倾向于将城郊土地用于经济和有机作物生产，而不是传统的谷物生产，因为前者的综合效益更高。

(2)当中国与世界其他地区的农业生产进行比较时，北京市都市农业在许多指标上都存在较大的提升空间。北京市都市农业中过量的氮肥投入是导致各项指标差距较大的主要因素。如果实行必要的氮施肥优化，在不牺牲产量的情况下，可以提高能量利用效率，提高经济效益的同时降低碳排放。但如何引导和激励农民更合理进行氮肥施用仍然是一项重要挑战。

(3)城郊地区对北京这样的大城市具有重要的战略意义，郊区提供了多种功能服务，但这些功能并不总是互补的。因此，仅对某一方面进行信息风险决策并不能达到预期效果，反而会引发不确定的风险导致预期的多功能结果无法实现。因此，如果要实现都市农业的潜在效益，采用横跨社会、经济和环境方面多元指标进行综合评估是非常必要的。

参考文献

北京市统计局. 北京农业统计年鉴. http://www.bjstats.gov.cn/.

北京市统计局，国家统计局北京调查总队. 2016 北京统计年鉴. 北京：中国统计出版社，2016.

陈冬冬，高旺盛，隋鹏，等. 现代种植业系统及粮食生产能量转化效率的动态分析——以山前平原河北栾城县为例. 地理科学进展，2008，27 (1)：99-104.

陈阜. 农业生态学. 北京：中国农业出版社，2011.

陈海燕，李虎，王立刚，等. 京郊典型设施蔬菜地 N_2O 排放规律及影响因素研究. 中国土壤与肥料，2012(5)：5-10.

郭金花. 典型设施蔬菜生产系统水肥、农药投入及环境影响的生命周期评价. 北京：中国农业大学，2016.

巨晓棠，谷保静. 我国农田氮肥施用现状、问题及趋势. 植物营养与肥料学报，2014，20(4)：783-795.

梁龙. 基于 LCA 的循环农业环境影响方法探讨与实证研究. 北京：中国农业大学，2009.

刘洪星. 北京市平谷区桃园温室气体排放特征. 北京：中国农业大学，2016.

刘巽浩，徐文修，李增嘉，等. 农田生态系统碳足迹法：误区，改进与应用——兼析中国集约农作碳效率. 中国农业资源与区划，2013，34(6)：1-11.

刘珍环，杨鹏，吴文斌，等. 近 30 年中国农作物种植结构时空变化分析. 地理学报，2016，71(5)：840-851.

罗丹，李文明，陈洁粮. 食生产经营的适度规模：产出与效益二维视角. 管理世界，2017，1：78-88.

宋博，穆月英. 设施蔬菜生产系统碳足迹研究——以北京市为例. 资源科学，2015，37(1)：175-183.

田志会，马晓燕，刘瑞涵. 北京市农田生态系统碳足迹及碳生态效率的年际变化研究. 农业资源与环境学报，2015，32(6)：603-612.

杨倩苗. 建筑产品的全生命周期环境影响定量评价. 天津：天津大学，2009.

张琳，张凤荣，孔祥斌，等. 大城市郊区耕地种植结构变化规律及其对土壤养分的影响——以北京市大兴区为例. 土壤通报，2008，39(6)：1272-1276.

赵华甫，张凤荣，李佳，等. 北京都市农业种植制度的发展方向——春玉米一熟制. 中国生态农业学报，2008(2)：469-474.

仲艳维. 潮白河流域水土保持效益评价及生态补偿制度构建研究. 北京：北京林业大学，2014.

Abdi R，Taki M，Akbarpour M. An analysis of energy input-output and emissions of greenhouse gases from agricultural productions. Int. J. Nat. Eng. Sci，2012，6(3)：73-79.

Alluvione F，Moretti B，Sacco D，et al. EUE (energy use efficiency) of cropping systems for a sustainable agriculture. Energy，2011，36：4468-4481.

Banaeian N，Omid M，Ahmadi H. Energy and economic analysis of greenhouse strawberry production in Tehran province of Iran. Energy Convers. Manage，2013，52(2)：1020- 1025.

Barthel S，Isendahl C. Urban gardens，agriculture，and water management：sources of resilience for long-term food security in cities. Ecol. Econ, 2013, 86(2): 224-234.

Benis K, Ferrão P. Potential mitigation of the environmental impacts of food systems through urban and peri-urban agriculture (UPA) -A life cycle assessment approach. J. Clean. Prod, 2017, 140: 784-795.

Bojacá, C R, Schrevens E. Energy assessment of peri-urban horticulture and its uncertainty: case study for Bogota, Colombia. Energy, 2010, 35(5): 2109-2118.

Canakci M, Akinci I. Energy use pattern analyses of greenhouse vegetable production. Energy, 2006, 31(8-9): 1243-1256.

Canakci M, Topakci M, Akinci I, et al. Energy use pattern of some field crops and vegetable production: case study for Antalya region, Turkey. Energy Convers. Manage, 2005, 46(4): 655-666.

CIUDSRC. China International Urbanization Development Strategy Research Center, 2017. http://www.ciudsrc.com/new_chengshihualv/gedi/2017-01-23/110677.html.

Clune S, Verghese K, Crossin E. Systematic review of greenhouse gas emissions for different fresh food categories. J. Clean. Prod, 2017,140: 766-783.

Eigenbrod C, Gruda N. Urban vegetable for food security in cities. A review. Agron. Sustain. Dev, 2015, 35(2): 483-498.

Godfray H C J, Beddington J R. Food security: the challenge of feeding 9 billion people. Science, 2010, 327 (5967): 812-818.

Goldstein B, Hauschild M, Fernandez J, et al. Testing the environmental performance of urban agriculture as a food supply in northern climates. J. Clean. Prod, 2016,135: 984-994.

Gundogmus E. Energy use on organic farming: A comparative analysis on organic versus conventional apricot production on small holdings in Turkey. Energy Convers. Manage, 2006, 47: 3351-2259.

Hatirli S A, Ozkan B, Fert C. An econometric analysis of energy input-output in Turkish agriculture. Renew. Sustain. Energy Rev, 2005, 9(6): 608-623.

Heidari M D, Omid M. Energy use patterns and econometric models of major greenhouse vegetable productions in Iran. Energy, 2011, 36(1): 220-225.

He X, Qiao Y H, Liu Y X, et al. Environmental impact assessment of organic and conventional tomato production in urban greenhouses of Beijing city, China. J . Clean. Prod, 2016, 134: 251-258.

Ju X T, Xing G X, Chen X P, et al. Reducing environmental risk by improving N management in intensive Chinese agricultural systems. Proc. Natl. Acad. Sci. USA, 2009, 106 (19): 3041-3046.

Ju, X. T. , Gu, B. J. Status-quo, problem and trend of nitrogen fertilization in China. J. Plant Nutr. Fertil. Sci. 2014, 20(4): 783-795.

Ju M, Zhang H, Shi W. Optimizing nitrogen input to reduce nitrate leaching loss in greenhouse vegetable production. Agric. Water Manage, 2012, 111(4): 53-59.

Kulak M, Graves A, Chatterton J. Reducing greenhouse gas emissions with urban agriculture: A life cycle assessment perspective. Landscape Urban Plan, 2013, 111(2): 68-78.

Kuswardhani N, Soni P, Shivakoti G P. Comparative energy input-output and financial analyses of greenhouse and open field vegetables production in West Java, Indonesia. Energy, 2013, 53(53): 83-92.

Li Y, Xiong W, Hu W, et al. Integrated assessment of China's agricultural vulnerability to climate change: A multi-indicator approach. Climatic Change, 2015, 128: 355-366.

Liang L, Lal R, Du Z, et al. Estimation of nitrous oxide and methane emission from livestock of urban agriculture in Beijing. Agric. Ecosyst. Environ, 2013, 170 (1757): 28-35.

Liang L, Lal R, Ridoutt B G, et al. Life cycle assessment of China's agroecosystems. Ecol. Indic, 2018a, 88: 341-350.

Liang L, Lal R, Ridoutt B G, et al. Multi-indicator assessment of a water-saving agricultural engineering project in north Beijing, China. Agric. Water Manage, 2018b, 200: 34-46.

Liao Y, Wu W L, Meng F Q, et al. Impact of agricultural intensification on soil organic carbon: a study using DNDC in Huantai County, Shandong Province, China. J. Int. Agric, 2016, 15 (6): 1364-1375.

Liu Y X, Langer V, Høghjensen H, et al. Life cycle assessment of fossil energy use and greenhouse gas emissions in Chinese pear production. J. Clean. Prod, 2010, 18 (14): 1423- 1430.

Lovell S T. Multifunctional urban agriculture for sustainable land use planning in the United States. Sustainability, 2010, 2: 2499-2522.

Martinez S, Del M D M, Marin R M, et al. The environmental footprint of an organic periurban orchard network. Sci. Total Environ, 2018, 636: 569-579.

Meng F, Qiao Y, Wu W, et al. Environmental impacts and production performances of organic agriculture in China: A monetary valuation. J. Environ. Manage, 2017, 188: 49-57.

Michos M C, Mamolos A P, Menexes G C, et al. Energy inputs, outputs and greenhouse gas emissions in organic, integrated and conventional peach orchards. Ecol. Indic, 2012, 13 (13): 22-28.

Mireri C, Atekyereza P, Kyessi A, et al. Environmental risks of urban agriculture in the Lake Victoria drainage basin: A case of Kisumu municipality, Kenya. Habitat Int, 2007, 31 (3): 375-386.

Mkwambisi D D, Fraser E D G. Urban agriculture and poverty reduction: evaluating how food production in cities contributes to food security, employment and income in Malawi. J. Int. Dev, 2011, 23: 181-203.

Mohammadshirazi A, Akram A, Rafiee S, et al. An analysis of energy use and relation between energy inputs and yield in tangerine production. Renew. Sustain. Energy Rev, 2012, 16 (16): 4515-4521.

Ozkan B, Akcaoz H, Fert C, Energy input-output analysis in Turkish agriculture. Renew. Energy, 2004, 29(1): 39-51.

Ozkan B, Fert C, Karadeniz C F. Energy and cost analysis for greenhouse and open-field grape production. Energy, 2007, 32: 1500-1503.

Peng J, Liu Z, Liu Y, et al. Multi-functionality assessment of urban agriculture in Beijing city, China. Sci. Total Environ, 2015, 537: 343-351.

Pérez-Neira D, Grollmus-Venegas A. Life-cycle energy assessment and carbon footprint of peri-urban horticulture. A comparative case study of local food systems in Spain. Landscape Urban Plan, 2018, 172: 60-68.

Poulsen M N, Mcnab P R, Clayton M L, et al. A systematic review of urban agriculture and food security impacts in low-income countries. Food Policy, 2015, 55: 131-146.

Pribadi D O, Pauleit S. Peri-urban agriculture in Jabodetabek Metropolitan Area and its relationship with the urban socioeconomic system. Land Use Policy, 2016, 55: 265-274.

Rothwell A, Ridoutt B, Page G, et al. Environmental performance of local food: trade-offs and implications for climate resilience in a developed city. J. Clean. Prod, 2016, 114: 420- 430.

Royan M, Khojastehpour M, Emadi B, et al. Investigation of energy inputs for peach production using sensitivity analysis in Iran. Energy Convers. Manage, 2012, 64(4): 441-446.

Schramski J R, Jacobsen K L, Smith T W, et al. Energy as a potential systems-level indicator of sustainability in organic agriculture: case study model of a diversified, organic vegetable production system. Ecol. Modell, 2013, 267(1769): 102-114.

SCIOPRC. http://www.scio.gov.cn/xwfbh/gssxwfbh/xwfbh/beijing/Document/1379921/1379921.htm, 2014.

Tian G, Wu J, Yang Z. Spatial pattern of urban functions in the Beijing Metropolitan Region. Habitat Int, 2010, 34(2): 249-255.

United Nations. Population distribution, urbanization, internal migration and development: an international perspective. Department of economic and social affairs, population division, publication no ESA/P/WP/223, 2011, 363.

Vinyes E, Luis A, Simó A, et al. Life cycle assessment of apple and peach production, distribution and consumption in Mediterranean fruit sector. J. Clean. Prod, 2017, 149: 313-320.

Wästfelt A, Zhang Q. Reclaiming localisation for revitalising agriculture: A case study of peri-urban agricultural change in Gothenburg, Sweden. J. Rural. Stud, 2016, 47: 172-185.

Wei S, Bai Z H, Qin W, et al. Environmental, economic and social analysis of peri-urban pig production. J. Clean. Prod, 2016, 129: 596-607.

Wei S，Bai Z H，Chadwick D，et al. Greenhouse gas and ammonia emissions and mitigation options from livestock production in peri-urban agriculture：Beijing-A case study. J. Clean. Prod，2018，178：515-525.

Xu X，Lan Y. Spatial and temporal patterns of carbon footprints of grain crops in China. J. Clean. Prod，2017，146：218-227.

Yang Z，Hao P，Liu W，et al. Peri-urban agricultural development in Beijing：varied forms，innovative practices and policy implications. Habitat Int，2016，56(56)：222-234.

Yuan S，Peng S. Trends in the economic return on energy use and energy use efficiency in China's crop production. Renew. Sustain. Energy Rev，2017，70：836-844.

Zasada I. Multifunctional peri-urban agriculture - A review of societal demands and the provision of goods and services by farming. Land Use Policy，2011，28(4)：639-648.

Zezza A，Tasciotti L. Urban agriculture，poverty，and food security：empirical evidence from a sample of developing countries. Food Policy，2010，35 (4)：265-273.

Zhu Y G，Reid B J，Meharg A A，et al. Optimizing peri-urban ecosystems (pure) to re-couple urban-rural symbiosis. Sci. Total Environ，2017，586：1085-1090.

第7章 粮食安全和气候稳定：谷物生产系统能否二者兼顾

7.1 粮食与生态能否共赢

农业面临着在提高产量的同时减少环境影响的挑战(Tilman 等,2002,2011;Cui 等,2013;Chen 等,2014;Feng 等,2020)。在这方面,化肥投入的管理很重要,因为高产作物依赖于充足的营养,化肥的生产和使用会产生相当大的环境成本,如温室气体(GHG)排放等(Tilman 等,2011;Mueller 等,2012;Cui 等,2013)。全球约25%的温室气体排放源于土地利用变化、作物生产、化肥生产和使用(Burney 等,2010;Tilman 等,2011)。在中国,人们已经发现,如果种植制度得到改善,在不增加肥料投入的情况下,粮食产量有可能增加30%~50%(Ju 等,2009;Chen 等,2011;Chen 等,2014;Cui 等,2020)。此外,管理良好的农业土壤具有温室气体封存能力(Zhao 等,2017)。Lal(2004)认为,农业系统中的碳汇效应有可能抵消全球5%~15%的化石燃料排放。因此,农业在温室气体排放管理和粮食安全方面可以发挥战略作用。

碳足迹(carbon footprint,CF)和碳效率(carbon efficiency, CE)等环境指标经常被用于评估农业生产系统(Dubey 等,2009;Cheng 等,2015;Feng 等,2020)的可持续性。碳足迹评估一个产品或系统整个生命周期温室气体排放和碳汇的平衡(Rotz 等,2010)。就作物生产而言,这包括与化肥等农业投入相关的温室气体排放。人们提出了各种碳效率指标,通常用农业系统单位碳排放所创造的产量或价值来衡量(Lal,2004)。

小麦是全球重要的农作物,现在许多地区已报道其生产过程中产生的碳足迹(Lal, 2004; Biswas 等, 2008; Biswas 等, 2010; Safa 等, 2012; Mohammadi 等,

2014)。Meisterling 等(2009),Knudsen 等(2014)比较了常规小麦和有机小麦生产的碳足迹。Röös 等(2011), Espinoza-Orias 等(2011)以及 Meul 等(2012)分析了以小麦为原料的农产品的碳足迹,包括意大利面、面包和动物饲料。还有相关研究也评估了各种农业实践的碳足迹(Hillier 等,2009;Tongwane 等,2016;Williams 等,2010)。不少研究还在全球范围内对各国之间农业生产的碳足迹进行了估计和比较(Clune 等,2017;González 等,2011;Nemecek 等,2012)。在中国,同样对农业生产系统的碳足迹进行了许多评估(Yang 等,2014;Lin 等,2015;Gao 等,2015;Yan 等,2015;Zhang 等,2016;Zhang 等,2018;Feng 等,2020;Xin 等,2020)。关于碳效率,Lal(2004),Maheswarappa(2011)和 Aweke 等(2014)使用该指标分别评估了美国、印度和埃塞俄比亚农业生态系统的可持续性。Dubey 和 Lal(2009)以旁遮普邦和俄亥俄州为例,对印度和美国的农业生产系统进行了比较。在中国,史磊刚等(2011),龙攀(2014),Cheng 等(2015),田志会等(2015)和尹钰莹等(2016)使用碳效率来评估农田的生产效率。

基于碳足迹和碳效率的案例研究有很多,由于不同的建模选择,各研究之间的直接比较并不容易(Hillier 等,2009;Browne 等,2011;陈中督等,2015;Wang 等,2015;张丹和张卫峰,2016;尹钰莹等,2016;Clune 等,2017;Adewale 等,2018;Xin 和 Tao,2020)。然而,有证据表明,过去几十年来,谷物生产以产量为功能单位的碳足迹一直在减少,而以生产面积为功能单位的碳排放仍在增加(Bennetzen 等,2016;Huang 等, 2017;王钰乔等,2018),这一趋势可能未来还会持续。减少温室气体排放是有价值的。然而,单位产品碳排放减少而单位面积排放增加不能从根本上解决温室气体排放总量持续增长的问题,如果要实现气候稳定,就必须解决减少温室气体排放总量的问题。

农业系统继续坚持集约化不太可能解决这个问题。需要新的农业生产模式,以实现粮食高产的同时也能减少单位耕地面积的净温室气体排放。本研究以华北典型的高产区桓台县为例,根据 1996—2016 年的实验和调查数据,对碳足迹和碳效率进行了详细的分析。本研究旨在分析谷物生产的现状和趋势,并确定提高产量的同时减少排放的途径。我们旨在寻求可持续农业生产系统,在促进粮食安全的同时实现气候稳定的目标。

7.2　吨粮首县的粮食生产

7.2.1　吨粮首县山东桓台

桓台县(北纬 36°51′50″～37°06′00″,东经 117°50′00″～118°10′40″)位于山东中部,是华北平原(north China plain, NCP)的一部分。该地区占地面积 509 km^2,人口约 50 万人,其中 43 万人居住在农村。桓台县为典型的大陆性季风气候,平均海拔 6.5～29.5 m,年平均气温和降水量分别为 12.5°C 和 580 mm。主要土壤类型包括褐土、砂姜黑土和潮土(Liao 等,2015;Liao 等,2016)。该地区位于中国主要谷物产区,1980—2016 年 80%以上的农业用地采用冬小麦(winter wheat)-夏玉米(summer maize)(WWSM)轮作模式。1990 年,整个县域的平均粮食产量高于 15 $t \cdot hm^{-2}$,因此,该县成为中国北方第一个吨粮田县。自 1990 年以来,该地区的谷物产量一直在增加。在某种程度上,桓台县是华北平原农业生产的典型代表。

7.2.2　延续十年的调查与实验

本研究中使用的数据来自对当地的农业调查和实验。1997 年、2003 年、2007 年、2013 年、2017 年,中国农业大学团队在桓台县开展农业生产研究。这些调查是在相同三个乡镇(唐山、陈庄和果里)使用相同的问卷进行的。每个城镇随机抽取 2 个村,每个村随机抽取 20 户农户作为分层随机样本。作为先决条件,只有在大多数农田采用 WWSM 轮作制度时才会被选择。同时,还考虑了村域之间的产量水平避免出现偏差。随着时间的推移,该地区约 50%的农业用地逐渐集中,而且生产方式逐渐定型,每个集约化的农场规模为 6.23 hm^2,小农户逐渐变少。因此,在 2013 年和 2017 年,每个村调查 20 户家庭农场和种植大户就能够掌握 80%农业生产地的使用情况。表 7-1 归纳了 1996—2016 年期间的农业生产的投入和产出。此外,在县域层面关于化肥投入和粮食产量的数据来自当地政府编制的桓台统计年鉴。

2007 年,中国农业大学和桓台县还联合建设了生态和可持续发展试验站,在该站部署了一系列实验,最长的实验已超过 10 年(Xiao 等,2019)。有关土壤排放和碳封存的数据都是从这些长期试验中获得(Liao 等,2015;Zhao 等,2017;赵自超,2017;Zhao 等,2017)。

表 7-1　1996—2016 年山东省桓台县冬小麦-夏玉米(WWSM)轮作系统每公顷投入和产量

项目	1996 年		2002 年		2006 年		2012 年		2016 年	
	小麦	玉米	小麦	玉米	小麦	玉米	小麦	玉米	小麦	玉米
种子 (kg)	166.1	50.1	140.8	46.2	111.5	40	121	24.2	121	27.8
N (kg)	322.1	286.9	349.2	369.8	260.7	292.7	214.7	254.3	222	231.9
P_2O_5 (kg)	131.2	37.5	264.1	173.2	179.6	164.5	167.7	132.2	108	86.3
K_2O (kg)	33.9	30.2	29.8	49	76.9	130.9	46.8	53.7	70.5	71.3
灌溉(m^3)	3821	1597	3352	2362	3960	2640	3257	2059	3375	1875
电力(kWh)	1146	479	1006	709	1188	792	977	618	972	596
柴油(kg)	128.1	131.8	137.6	204.2	157.9	274	167.4	285.1	175.5	304.5
除草剂(kg)	0.4	1.0	0.5	1.3	0.6	1.5	1.0	1.9	0.3	1.0
杀虫剂 (kg)	0.8	0.5	1.1	0.9	1.2	1.2	5.1	3.8	0.9	0.8
粮食(kg)	6510	7630	6850	7840	7052	8086	7330	7520	7425	9767

7.2.3　功能单元和系统边界

对于产品碳足迹(product carbon footprint, PCF)和面积碳足迹(area carbon footprint, ACF)的研究,分析的功能单位分别为 1 kg 粮食籽粒和 1hm^2 耕地。采用生命周期评价方法(Liang 等,2018;Liang 等,2019),将系统边界设置为从摇篮到农场大门,以便于与类似的研究进行比较。所考虑的排放要素包括 CO_2、CH_4 和 N_2O。参考政府间气候变化专门委员会(IPCC)相关研究报告,CO_2、CH_4 和 N_2O 的全球变暖潜力(GWP)分别为 1、25 和 298。参考 Adewale 等(2018)的研究,农业生产碳足迹的系统边界考虑以下因素:土地利用变化、机械和电力使用、燃料消耗、农药和其他化学投入消耗、材料投入、施肥、土壤温室气体排放、土壤有机碳(SOC)封存等。这些因素可分为农资子系统和农作子系统(Biswas 等,2008)两部分。在本研究中,前者包括电力、燃料、化肥、化学品、机械和灌溉设施的生产和运输,后者包括机械操作、土壤排放、有机碳封存等。

7.2.4　碳足迹计算方法

1.农资子系统

按照 IPCC 规定的原则,农资系统各项投入的温室气体排放因子应该选择最接近于研究地的调查或者实验,这才能最准确地反映当地农业生产系统和所用农业投入来源的温室气体排放值，各项投入的排放系数见表 7-2。对于农资子系统，碳足迹根据式(7-1)计算。

$$CF_{投入} = \sum (Q_i \times EF_i) \tag{7-1}$$

式中：$CF_{投入}$为生产、运输和各种农资而产生的碳足迹总量($kg\ CO_2\ eq \cdot hm^{-2} \cdot 季^{-1}$)，$Q_i$为小麦和玉米生产季节中 i 类农资的投入量($kg \cdot hm^{-2} \cdot 季^{-1}$)，$EF_i$为 i 类农资投入相应的排放因子($kg\ CO_2\ eq \cdot kg^{-1}$)。

表 7-2 生命周期温室气体(GHG)排放因子

项目	排放因子	单位	参考文献
CH_4	25	$kg\ CO_2\ eq \cdot kg^{-1}$	IPCC(2013)
N_2O	298	$kg\ CO_2\ eq \cdot kg^{-1}$	IPCC(2013)
种子	1.18	$kg\ CO_2\ eq \cdot kg^{-1}$	Liu 等(2013)
N	8.3	$kg\ CO_2\ eq \cdot kg^{-1}$	Gao 等(2015)
P_2O_5	1.5	$kg\ CO_2\ eq \cdot kg^{-1}$	Gao 等(2015)
K_2O	0.98	$kg\ CO_2\ eq \cdot kg^{-1}$	Gao 等(2015)
电力	0.92	$kg\ CO_2\ eq \cdot kWh^{-1}$	Liu 等(2013)
柴油	3.32	$kg\ CO_2\ eq \cdot kg^{-1}$	Liang 等(2018)
灌溉设施	220(110)	$kg\ CO_2\ eq \cdot hm^{-2}$	龙攀(2014)
机械	6.74	$kg\ CO_2\ eq \cdot kg^{-1}$	Liang 等(2018)
除草剂	18	$kg\ CO_2\ eq \cdot kg^{-1}$	Liang 等(2018)
杀虫剂	18	$kg\ CO_2\ eq \cdot kg^{-1}$	Liang 等(2018)

注：括号内为玉米生产季相应数值。

2. 农作子系统

对于农作子系统，采用式(7-1)计算机器运行导致的柴油消耗的碳足迹。根据 Zhang 等(2017)的研究成果，土壤 N_2O 排放使用式(7-2)和式(7-3)来计算：

$$小麦：CF_{N_2O} = (0.0052 \times N_{input} + 0.6435) \times 298 \tag{7-2}$$

$$玉米：CF_{N_2O} = (0.0101 \times N_{input} + 0.6003) \times 298 \tag{7-3}$$

式中：CF_{N_2O}是小麦和玉米生产季节施用氮肥导致的土壤产生的 N_2O 累计排放量($kg\ CO_2\ eq \cdot hm^{-2} \cdot 季^{-1}$)；$N_{input}$为小麦和玉米生产的氮肥施用量；298 为 N_2O 转化为二氧化碳当量的系数；0.0052、0.0101、0.6435、0.6003 是相关的排放系数。

Zhao 等(2017)和赵自超(2017)通过实验定量测定了桓台县农业土壤的甲烷

吸收，平均量为 1.5 kg C·hm^{-2}·年$^{-1}$。因此，碳足迹是根据式(7-4)计算。

$$CF_{CH_4}=\frac{1}{2}\times\left(1.5\times\frac{16}{12}\times 25\right) \tag{7-4}$$

式中：CF_{CH_4} 为吸收甲烷的累计量(kg CO_2 eq·hm^{-2}·季$^{-1}$)，16/12 和 25 分别为碳转化为甲烷和甲烷转化为二氧化碳当量的系数。

Liao 等(2015)根据 1980—2011 年土壤变化数据进行研究表明，桓台县的农业集约化导致了土壤有机碳(SOC)的封存。因此，根据式(7-5)和式(7-6)计算年土壤碳的封存碳汇量。

$$\mathrm{SCS}=\mathrm{SOC}\times BD\times H\times 10 \tag{7-5}$$

$$\Delta\mathrm{SCS}=\frac{1}{2}\left(\frac{\mathrm{SCS}_{2011}-\mathrm{SCS}_{1980}}{30}\times\frac{44}{12}\right) \tag{7-6}$$

式中：SCS 为土壤有机碳封存量，t·hm^{-2}，SOC 为土壤有机碳密度，1980 年为 7.8 g·kg^{-1}，2011 年为 11 g·kg^{-1}(Liao 等，2015)；BD 为土壤体积密度，1980 年为1.4 g·cm^{3}，2011 年为 1.5 g·cm^{3}(Liao 等，2015)；H 为土壤层厚度，m；10 是将 kg·m^{-2}转换为 t·hm^{-2}的系数；ΔSCS 为 1980—2011 年 0～20 cm 的 SOC 封存的年度变化，kg CO_2 eq·hm^{-2}·季$^{-1}$；SCS_{1980} 和 SCS_{2011} 分别为 1980 年和 2011 年的 SOC 封存值；30 为调查期的年数；44/12 是将碳转换为二氧化碳的系数。

土壤二氧化碳净通量在全球范围内农业领域的全球变暖潜力(GWP)贡献小于 1%，所以本研究没有把这一点考虑在内(Cui 等，2013；Liang 等，2018)。

WWSM 轮作系统的面积碳足迹(ACF)和产品碳足迹(PCF)利用式(7-7)和式(7-8)计算。

$$\mathrm{ACF}=CF_{\text{投入}}+CF_{N_2O}+CF_{CH_4}+\Delta\mathrm{SCS} \tag{7-7}$$

$$\mathrm{PCF}=\frac{CF_{\text{投入}}+CF_{N_2O}+CF_{CH_4}+\Delta\mathrm{SCS}}{Y} \tag{7-8}$$

式中：ACF 和 PCF 分别为每季每公顷小麦和玉米生产面积碳足迹(kg CO_2 eq·hm^{-2}·季$^{-1}$)和籽粒产量碳足迹(kg CO_2 eq·kg^{-1}·季$^{-1}$)，Y 为冬季小麦或夏季玉米的籽粒产量，kg·hm^{-2}·季$^{-1}$。

7.2.5 碳效率计算方法

参考 Lal(2004)和史磊刚等(2011)的研究成果，采用式(7-9)至式(7-12)计算产品效率(Ep)、生态效率(Ec)和经济效率(Ee)：

$$E\mathrm{p}=\frac{Y}{\mathrm{ACF}} \tag{7-9}$$

$$小麦：Ec=\frac{Y\times(1+1.1)\times1.15\times0.45\times\frac{44}{12}}{ACF} \tag{7-10}$$

$$玉米：Ec=\frac{Y\times(1+1.2)\times1.15\times0.45\times\frac{44}{12}}{ACF} \tag{7-11}$$

$$Ee=\frac{Y\times P}{ACF} \tag{7-12}$$

式中：Ep 为单位碳投入生产效率，kg 籽粒·kg^{-1} CO_2 eq，值越高表示效率越高；Ec 和 Ee 分别为生态效率和经济效率，前者是碳产出（含粮食、秸秆、根吸收的碳）与投入比（kg CO_2·$kg^{-1}CO_2$ eq），值>1 表示产出大于投入；后者是经济产出与碳投入比（元·kg^{-1} CO_2 eq）。P 是小麦或玉米谷物在不同年份的售价。此外，1.1 和 1.2 分别为小麦和玉米生产的秸秆与籽粒的比值；1.15 为总生物量（包括籽粒、秸秆、根）与地上部分（包括籽粒和秸秆）的比值，0.45 和 44/12 分别为碳的生物量系数和碳转化为二氧化碳的系数。

7.3 粮食生产中的碳排放

7.3.1 谷物生产的投入-产出和温室气体排放

在过去 20 年（1996—2016 年），氮肥、用电、柴油和机械生产对桓台县 WWSM 种植体系的温室气体排放贡献最大，分别占小麦和玉米总排放量的85%～88%和91%～94%（表 7-3），最大的贡献来自 N 肥。然而，它的占比一直在减少（图 7-1）。在小麦生产方面，N 肥碳足迹从 1996 年的 2673 kg·hm^{-2}增加到 2002 年的 2898 kg·hm^{-2}，然后逐渐下降，2016 年 N 肥碳足迹为 1843 kg·hm^{-2}。与 N 肥投入相关的温室气体排放比例从 2002 年的 48%下降到 2016 年的 36%。机械（包括制造、运输、使用和维护）是第二大因素，其所占比例从 1996 年的 15%上升到 2016 年的 23%。灌溉用电是第三个因素，在过去的 20 年里，它的贡献为 15%～20%。柴油消耗的贡献随着时间的推移而增加，从 1996 年的 7.5%上升到 2016 年的 11.4%（表 7-3 和图 7-2）。

在玉米生产方面，与 N 肥投入相关的温室气体排放比例也从 1996 年的 54%下降到 2016 年的 33%。相比之下，机械和柴油消费的贡献随着时间的推移而增加，机械从 19.8%增加到 34.4%，柴油从 9.9%增加到 17.2%。电力的贡献相对稳定。显然，与小麦生产相比，玉米生产更依赖于机械和柴油(表 7-3 和图 7-2)。

在农作子系统中，由于氮肥输入和土壤有机碳(SOC)积累，土壤既是温室气体源又是汇(表 7-3)。土壤吸收的 CH_4 值仅约 25 kg CO_2 eq·hm^{-2}·季$^{-1}$，是一个对净碳排放相对不那么重要的影响要素。然而，N_2O 排放在种植系统的温室气体平衡中起着重要作用。在小麦生产过程中，土壤温室气体排放量为 525～733 kg CO_2 eq·hm^{-2}，土壤碳汇封存量－734 kg CO_2 eq·hm^{-2}(表 7-3)，导致净碳汇。在玉米生产中，土壤温室气体排放量为 877～1292 kg CO_2 eq·hm^{-2}，超过土壤碳汇存量。然而，随着玉米产量的增加，土壤排放和土壤封存之间的差距随着时间的推移而缩小，从 2002 年的 558 kg CO_2 eq·hm^{-2}缩减到 2016 年的 143 kg CO_2 eq·hm^{-2}。基于这一轨迹，土壤碳汇存量可能会抵消未来的土壤碳排放。

表 7-3　1996—2016 年山东省桓台县 WWSM 轮作系统产品碳足迹(PCF)和面积碳足迹(ACF)

项目	1996 年		2002 年		2006 年		2012 年		2016 年	
	小麦	玉米	小麦	玉米	小麦	玉米	小麦	玉米	小麦	玉米
种子	196	59	166	55	132	47	143	29	143	33
N	2673	2381	2898	3069	2164	2429	1782	2111	1843	1925
P_2O_5	197	56	396	260	269	247	252	198	162	130
K_2O	33	30	29	48	75	128	46	53	69	70
电力	1055	441	925	652	1093	729	899	568	894	549
柴油	425	438	457	678	524	910	556	947	583	1011
杀虫剂	21	28	28	40	33	49	108	103	22	32
灌溉设施	220	110	220	110	220	110	220	110	220	110
机械	851	875	914	1356	1049	1819	1112	1893	1165	2022
土壤排放	691	1042	733	1292	596	1060	525	944	536	877
甲烷封存	－25	－25	－25	－25	－25	－25	－25	－25	－25	－25
土壤封存	－734	－734	－734	－734	－734	－734	－734	－734	－734	－734
粮食产量(kg)	6510	7630	6850	7840	7052	8086	7330	7520	7425	9767
ACF－Soil	5671	4418	6034	6268	5559	6469	5117	6011	5100	5880
ACF＋Soil	5603	4701	6008	6801	5395	6769	4882	6196	4877	5998
PCF－Soil	0.87	0.58	0.88	0.80	0.79	0.80	0.70	0.80	0.69	0.60
PCF＋Soil	0.86	0.62	0.88	0.87	0.77	0.84	0.67	0.82	0.66	0.61

注：产品碳足迹和面积碳足迹的单位分别为 kg CO_2 eq·kg^{-1}和 kg CO_2 eq·hm^{-2}，－Soil 和＋Soil 分别是指排除和包括土壤排放和土壤封存。

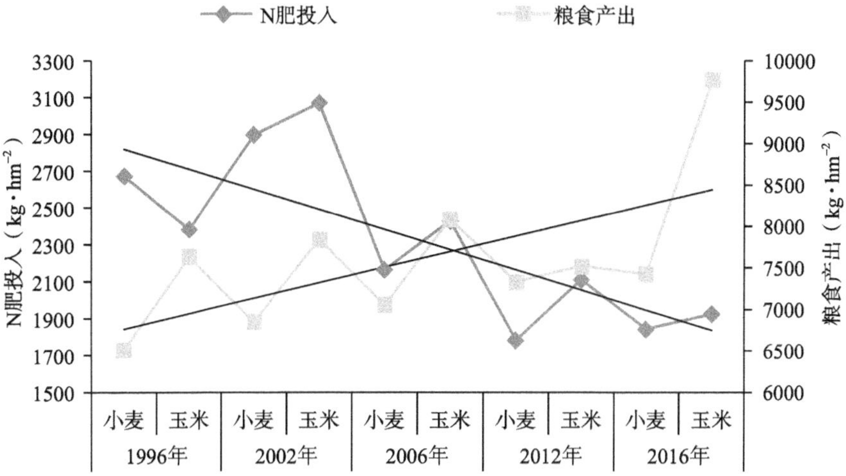

图 7-1 1996—2016 年山东省桓台县 WWSM 轮作系统氮肥投入和粮食产出变化

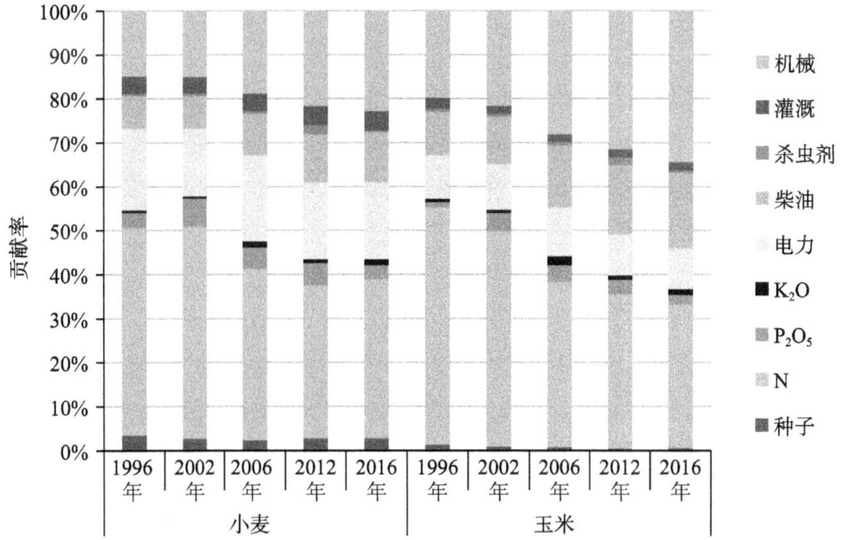

图 7-2 1996—2016 年材料投入对桓台县 WWSM 轮作系统碳足迹的贡献

籽粒产量方面，小麦产量增长了约 14%，从 1996 年的 6510 $kg \cdot hm^{-2}$ 增加到 2016 年的 7425 $kg \cdot hm^{-2}$；玉米产量增长了约 28%，范围为 7630～9767 $kg \cdot hm^{-2}$，即小麦和玉米产量每年增长 0.7% 和 1.4%。除了一些特殊年份（如 2012 年的玉米因受台风倒伏而减产）外，WWSM 轮作系统在过去 20 年里产量呈上升趋势（表 7-3、图 7-1）。

7.3.2 碳足迹分析

包括土壤排放和封存，小麦生产碳足迹（面积碳足迹＋土壤碳汇，ACF＋Soil）1996 年为 5603 kg CO_2 eq·hm^{-2}，2002 年达到 6008 kg CO_2 eq·hm^{-2}，之后 2002 年、2006 年、2016 年逐渐降至 5395、4882 和 4877 kg CO_2 eq·hm^{-2}［表 7-3 和图 7-3(a)］。如果排除土壤排放和碳封存，单位生产面积碳足迹（ACF）的值非常接近。这是由于土壤封存碳汇在很大程度上抵消了土壤排放（表 7-3）。对于小麦生产单位产品碳足迹，包括土壤因子（产品碳足迹＋土壤，PCF＋Soil）在内的产品碳足迹（PCF）范围为 0.66～0.88 kg CO_2 eq。如果排除土壤因素，其值范围为 0.69～0.88 kg CO_2 eq。产品碳足迹与面积碳足迹的变化趋势非常相似，都是在 2002 年达到峰值，随后持续下降。

对于玉米生产，1996 年包括土壤排放和封存在内的面积碳足迹（ACF＋Soil）为 4701 kg CO_2 eq·hm^{-2}。2002 年出现峰值，之后面积碳足迹分别在 2006 年、2012 年和 2016 年逐渐下降到 6769、6196 和 5998 kg CO_2 eq·hm^{-2}［表 7-3、图 7-3(b)］。2016 年的数值仍高于 1996 年。如果排除土壤因素（ACF－Soil），也观察到类似的趋势。与小麦生产相比，在不考虑土壤碳排放和碳封存情况下，玉米的面积碳足迹高于小麦，因为玉米季土壤排放值高于土壤碳封存。然而，随着时间的推移，这个差距变得越来越小。1996—2016 年，考虑土壤要素后，玉米的单位产品碳足迹值分别为 0.62、0.87、0.84、0.82 和 0.61 kg CO_2 eq·kg^{-1}（图 7-3b）。

7.3.3 碳效率分析

在过去的 20 年里，碳效率指标（包括生产、生态和经济效率）最初有所下降，然后稳步上升（表 7-4、图 7-4）。例如，小麦生产的生产效率（*E*p，kg 籽粒·kg^{-1} CO_2 eq）从 1996 年的 1.16 下降到 2002 年的 1.14，之后在 2006 年、2012 年和 2016 年又分别提高到 1.31、1.50 和 1.51。玉米生产效率分别为 1.62、1.15、1.19、1.21 和 1.63（kg 籽粒·kg^{-1} CO_2 eq）。以 2002 年为基准，到 2016 年，小麦和玉米的生产效率分别增长了 32.5％和 41.7％。

小麦和玉米生产的生态效率（*E*c）表现优于生产效率，其值分别在 4.55～6.07 kg CO_2·kg^{-1} CO_2 eq 和 4.82～6.80 kg CO_2·kg^{-1} CO_2 eq。这意味着封存在籽粒、茎叶和根系碳高于生产过程中外部投入的碳，而且由于玉米的粮食产量和生物质产量较高，在大部分生产时期，玉米的生态效率高于小麦。在 2016 年，小麦的生态效率比 2002 年提升了 33％，而玉米提升了 41％。在经济效率（*E*e）方面，2002

年至 2016 年的相应提升分别为 189%和 192%(表 7-4、图 7-4)。

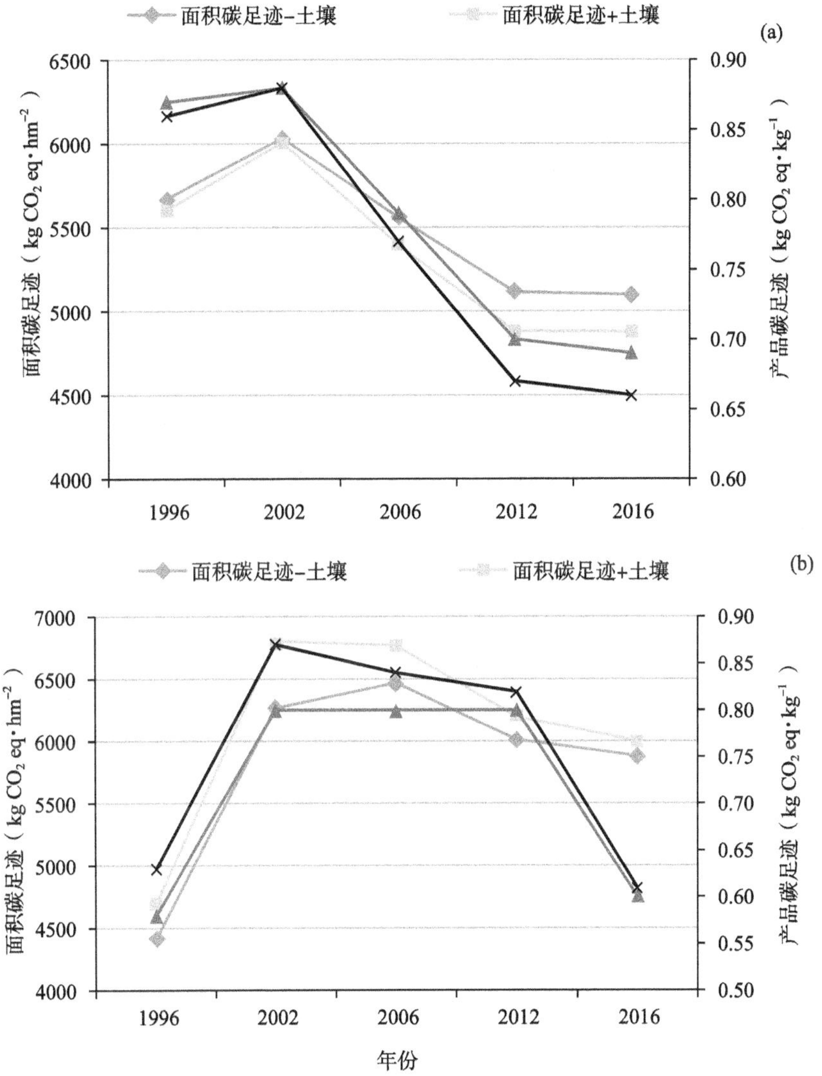

图 7-3　1996—2016 年桓台县小麦(a)和玉米(b)轮作系统的面积碳足迹(ACF)和产品碳足迹(PCF)

表 7-4　1996—2016 年桓台县小麦-玉米轮作系统的生产效率(*E*p)、生态效率(*E*c)、经济效率(*E*e)

效率指标	1996 年		2002 年		2006 年		2012 年		2016 年	
	小麦	玉米	小麦	玉米	小麦	玉米	小麦	玉米	小麦	玉米
生产效率 (kg 籽粒·kg^{-1} CO_2 eq)	1.16	1.62	1.14	1.15	1.31	1.19	1.50	1.21	1.51	1.63
生态效率 (kg CO_2·kg^{-1} CO_2 eq)	4.63	6.78	4.55	4.82	5.21	4.99	5.99	5.07	6.07	6.80
经济效率 (元·kg^{-1} CO_2 eq)	1.88	1.85	1.16	1.06	1.88	1.51	3.42	2.49	3.35	3.09

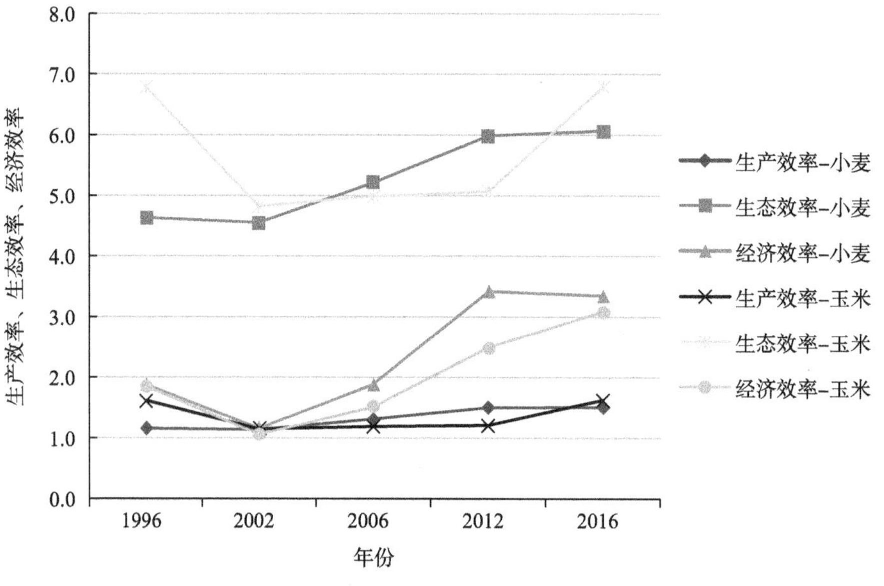

图 7-4　1996—2016 年桓台县小麦-玉米轮作系统的生产效率(*E*p)、生态效率(*E*c)、经济效率(*E*e)

在 2002 年生产和生态效率最低，最重要的原因是 N 肥投入在此时达到峰值(图 7-1)。在接下来的一段时间里(2002—2016 年)，N 的输入逐渐减少，而产量也在同时缓慢增加(图 7-1)。因此，这两个指标逐渐得到改善。然而，随着时间的推移，N 肥输入减少造成的正面影响逐渐被机械使用量和柴油消耗量的增加所抵消(图 7-2)。在经济效率方面，2002 年 N 肥投入达到峰值，粮食销售价格也处于低谷(Huang 等，2013)。因此，经济效率也在 2002 年处于最低点。2002—2016 年，不仅 N 肥投入减少，产量增加，另一个重要因素是粮食价格的改善，这在某种程度上也是因为政府提供了农业补贴，以维持粮食市场价格的稳定(Liang 等，2019)。因此，经济效率的提高幅度高于生产效率和生态效率(图 7-4)。

7.4 粮食生产中的碳排放比较

7.4.1 碳足迹的比较和分析

在过去的 20 年里，农业生态系统的碳足迹受到高度重视而被广泛研究(表 7-5)。从文献中可以看出，虽然单位产品的碳足迹普遍呈下降趋势，但这往往是通过集约化生产来实现的，从而导致了单位生产面积的高碳排放。例如，Cheng 等(2011)利用中国 1993—2007 年的国家统计数据估算作物生产的碳排放量，结果显示，1993—1997 年、1998—2002 年和 2003—2007 年每公顷种植面积的碳排放量分别为 2530、2824 和 3154 kg CO_2 eq，而每千克产品的碳足迹分别为 0.47、0.40 和 0.39 kg CO_2 eq。在此期间，前者在增加，而后者则在减少。Huang 等(2017)量化了 1978—2012 年中国水稻、小麦和玉米生产的碳足迹。结果表明，三种作物生产系统的单位生产面积碳排放分别从 1987 年的 1286、937 和 895 kg CO_2 eq · hm^{-2} 增加到 2012 年的 2682、2978 和 2294 kg CO_2 eq · hm^{-2}。同时，水稻、小麦和玉米的单位产品碳足迹下降。这些研究结果与 Wang 等(2015)以及 Xu 和 Lan(2016)的研究结论基本一致。

从全球的视角来看，Bennetzen 等(2016)发现，自 1970 年以来，农作物的产品碳足迹下降了 39%，此外，他们还预测到 2050 年，产品碳足迹还将减少 25%。然而，尽管作物单位产品的温室气体排放强度有了显著的改善，但自 1970 年以来，单位生产面积的温室气体排放量增加了 15%，到 2050 年可能会再增加 7%。这意味着农田系统的温室气体排放总量正在增加，这与全球努力实现气候稳定的目标相背离。因此，本研究中来自桓台县的证据很重要，因为它表明单位产品和单位生产面积的碳排放同时降低是可能的。桓台县耕地面积受城镇化和工业化用地需求的制约而难以再扩大。因此，由于农业投入已达到阈值(Ju 等，2009；Liang 等，2018)，作物生产部门减少总碳排放量是可能的。

表 7-5 产品碳足迹(PCF)和面积碳足迹(ACF)结果的比较

研究区	系统边界	产品碳足迹 (kg CO_2 eq·kg^{-1})		面积碳足迹 (kg CO_2 eq·hm^{-2})		碳足迹主要来源	参考文献
		小麦	玉米	小麦	玉米		
本研究	从摇篮到农场的大门+SE+SQ	0.66	0.62	4902	6022		
中国	从摇篮到农场的大门+SQ	0.67	0.62	3707	4436		Chen 等(2014)
中国	从摇篮到农场的大门+SE+SQ	0.5	0.4	2800	2707	FM (42%～44%), N_2O(32%～37%)	Xu 和 Lan(2017)
中国	从摇篮到农场的大门+SE−SQ	0.30～0.46	0.26～0.37			FMU(～90%)	Lin 等(2015)
中国	从摇篮到农场的大门+SE−SQ	0.51	0.44	2914	2866	NM+N_2O(78%)	Cheng 等(2015)
中国东部	从摇篮到农场的大门−SQ	0.66	0.33	3000	2300	NMU(75%～79%), DU(14%～15%)	Yan 等(2015)
中国	从摇篮到农场的大门+SE+SQ	0.45	0.32			FM(65%),N_2O (26%),DU (9%)	Xu 和 Lan(2016)
中国北方	从摇篮到农场的大门+SQ(−SQ)	0.23−0.24 (−SOC) −0.02−0.3 (+SOC)	0.43 (−SOC); 0.13−0.37 (+SOC)			FMU(45～49%), EC(35～43%)	Zhang 等(2016)
中国	从摇篮到农场的大门−SQ	0.35～0.62	0.2～0.4	937～2978	895～2294	FMU(68%～76%), EC(17%～23%)	Huang 等(2017)

续表 7-5

研究区	系统边界	产品碳足迹 ($kg\ CO_2eq \cdot kg^{-1}$)		面积碳足迹 ($kg\ CO_2eq \cdot hm^{-2}$)		碳足迹主要来源	参考
		小麦	玉米	小麦	玉米		
中国北方	从摇篮到农场的大门＋SQ	0.32	0.45			NMU(49%)，EC(45%)	Gao 等(2015)
中国	从摇篮到农场的大门－SQ	0.27	0.23				Wang 等(2015)
美国	从摇篮到农场的大门＋SE－SQ	0.28				FM (24%)，N_2O (50%)，DU(19%)	Meisterling 等(2009)
英国	从摇篮到农场的大门－SE－SQ			2807		NMU (83%)	Hillier 等(2009)
澳大利亚	Cradle to port＋SE－SQ	0.3				FM (30%)，N_2O (9%)，T(12%)	Biswas 等(2008)
澳大利亚	Cradle to port＋SE－SQ	0.4				N_2O(60%)	Biswas 等(2010)
新西兰	从摇篮到农场的大门－SE－SQ	0.1 CO2		1032 CO2		FM (52%)，DU (20%)	Safa 和 Samarasinghe (2012)
瑞典	从摇篮到农场的大门－SQ	0.38					González 等(2011)
欧盟和美国	Cradle to port－SQ	0.58	0.67				González 等(2011)
英国	从摇篮到农场的大门－SQ	0.8				NMU (70%)	Williams 等(2010)
瑞典	从摇篮到农场的大门＋SE＋SQ	0.31				FM(21%)和 N_2O (70%)	Röös 等(2011)

续表 7-5

研究区	系统边界	产品碳足迹 ($kg\ CO_2eq \cdot kg^{-1}$)		面积碳足迹 ($kg\ CO_2eq \cdot hm^{-2}$)		碳足迹主要来源	参考
		小麦	玉米	小麦	玉米		
法国	从摇篮到农场的大门－SQ	0.45	0.4				Meul 等(2012)
英国和西班牙		0.52(英国) 0.58(西班牙)					Espinoza-Orias (2011)
北伊朗	从摇篮到农场的大门＋SE－SQ	0.33	0.17	1171	1441	DU(25%～46%)，N_2O(15%～38%)，EU(40%)	Mohammadi 等(2014)
丹麦	从摇篮到农场的大门＋SE＋SQ	0.39				FM(35%)，N_2O(47%)，DU(19%)	Knudsen 等(2014)
南非	Cropland emission－SQ	0.11	0.14				Tongwane 等(2016)
加拿大	从摇篮到农场的大门＋SE－SQ	0.38	0.33			FMU (81%)	Pelletier 等(2008)
意大利	从摇篮到农场的大门＋SE－SQ	0.45	0.45			FMU(66%～73%)	Fantin 等(2017)
斯洛文尼亚	从摇篮到农场的大门－SQ	0.11～0.15	0.23～0.25			FM(42%～76%)	Al-Mansour 和 Jejcic(2017)
秘鲁	从摇篮到农场的大门－SQ		0.25		2565	FMU (77%)	Rodrigo 和 Morales(2019)
全球		0.58	0.49	2165	2954		Nemecek 等(2012)
全球		0.52	0.47				Clune 等(2017)

注：SE 和 SQ 分别代表土壤碳排放和碳封存，"＋"和"－"代表该研究计算或未计算土壤碳排放或碳封存。FM，FMU，NMU，DU，EC，T 和 N_2O 分别代表肥料生产、肥料生产和使用、N 肥生产和使用、柴油消耗，电力消耗、运输和农田 N_2O 排放。

7.4.2 碳效率的比较和分析

本研究使用产品、生态和经济效率来评价种植系统在一个较长时间段的碳效率。由于市场价格的波动，导致经济效率具有较高的不确定性。但结果显示，自2002年以来，这三个效率指标都在稳步增长。通过数据收集和整理（Snyder 等，2009；Gan 等，2011；Chen 等，2011；史磊刚等，2011；龙攀，2014；尹钰莹等，2016；Zhang 等，2016；Feng 等，2020），我们将中国和世界其他地区做一个横向比较。研究结果表明：桓台县的结果在中国其他地方报道的数值范围之内，但美国、加拿大和欧洲国家的效率比包括桓台县在内的中国各地区高2～5倍（表7-6）。当然，由于系统边界定义的差异和所使用的排放系数的不一致，很难直接比较不同研究结果。但是，产品效率的计算方法基本一致。因此，与其他地区相比，中国的粮食作物生产的产品效率较低，这意味着这方面还有较大的提升空间。

表7-6 中国和其他地区作物生产的碳效率

研究区	作物系统	产品效率（kg 籽粒·kg^{-1} CO_2 eq）	生态效率（kg 生物质·kg^{-1} CO_2 eq）	经济效率（元·kg^{-1} CO_2 eq）	参考文献
中国	小麦	1.51	6.07	3.35	本研究
	玉米	1.63	6.80	3.09	
中国	小麦	2	8.94	3.52	史磊刚等(2011)
	玉米	4.06	13.68	5.48	
中国	小麦-玉米轮作	0.53	3.11	1.67	尹钰莹等(2016)
中国	小麦-玉米轮作	0.29	0.94	0.6	龙攀(2014)
中国	作物产品	1.95～2.48			Chen 等(2011)
中国	小麦	0.99		2.56	Wang 等(2018)
	玉米	1.26		2.94	
中国	小麦	1.52			Yan 等(2015)
	玉米	3.03			
中国	小麦	1.39～1.53	7.6～8.6		Zhang 等(2016)
	玉米	4.13～4.39	19.3～19.7		
中国	小麦	1.96～2.5			Feng 等(2020)
	玉米	2.7～3.1			
美国	小麦	2.86～4			Snyder 等(2009)

续表 7-6

研究区	作物系统	产品效率(kg 籽粒·kg^{-1} CO_2eq)	生态效率(kg 生物质·kg^{-1} CO_2eq)	经济效率(元·kg^{-1} CO_2eq)	参考文献
	玉米	4～8.3			
加拿大	小麦	3.7～4			Gan 等(2011)
印度	玉米	8.3			Pathak 等(2010)
斯洛文尼亚	小麦	6.7～9.1			Al-Mansour 等(2017)
	玉米	4.3～4.5			
秘鲁	玉米	3.45			Rodrigo 等(2019)

7.4.3 关键因素分析

在桓台县,WWSM 轮作模式是随着时间的推移产量逐步增加,这一趋势逐渐稳定。农资投入也发生了变化,即 N 肥投入逐步减少,机械使用和柴油消耗增加。农业生产和投入的这些变化应该与当地政府推行的两项措施有关:一个是秸秆还田,另一个是测土配方施肥与精准化管理。自 1980 年以来,桓台县政府采用多种措施,要求和鼓励农民推行秸秆还田。据统计,到 2008 年,包括小麦和玉米在内的 90%的秸秆实现了还田,这比其他地区早了 10 年(Zhang 等,2017;Liang 等,2019)。Liao 等(2015,2016)对桓台县的种植系统进行了一系列研究,发现近 30 年(1982—2011 年)表层土壤(0～20cm)有机碳含量增加了 41%,密度也增加了 57%。此外,自 2011 年以来,随着测土配方施肥的引入,肥水管理更加精准,并被家庭农场和农户广泛接受(Chen 等,2011;刘巽浩等,2013;Zhang 等,2017)。Zhang 等(2017)发现,1980—2014 年活性氮损失下降了 21.5%,同期氮回收从 39.8%上升到 54.1%。Zhang 等(2017)和 Liang 等(2019)对 1996—2012 年农业生产进行了氮平衡分析,结果表明,间接氮投入,特别是秸秆还田,对保持氮平衡具有重要作用,并为土壤有机碳的增加做出了一定的贡献。

施用 N 肥是提高种植系统产量的关键因素。Tilman 等(2011)预测,为了使作物产量翻一番,N 肥投入将需要增加 140%,即从 2010 年的 104 Mt·$年^{-1}$增加到 2050 年的 250 Mt·$年^{-1}$。Mueller 等(2012)发现,通过合理施肥,N 肥消费量仅增加 9%,主要谷物的产量就会增加 30%。Cui 等(2013)总结了中国的一系列实验,表明 N 肥施用增加 38%,单位面积的产量和温室气体排放量将增加 70%和

37%，而单位产品的温室气体强度将下降 19%。相比之下，Chen 等（2011，2014）通过模型推理表明，在没有额外 N 投入的情况下，中国粮食的作物产量可能提高 30%～50%，这一结果对作物产量增加依靠 N 肥投入增加的主导模式形成挑战。桓台县几十年的实证研究重要性在于，它证实了 Chen 等（2011）模型结果的可靠性，即减少 N 肥投入，同时通过秸秆还田和生物固氮等方法增加间接 N 投入，这是未来提高农田生态系统作物产量同时减少碳排放的有效方法。

7.4.4　限制和不确定性分析

本研究基于长时间跨度的农业生产调查和当地农业系统实验数据，利用生命周期评价方法对桓台县谷物生产的碳足迹和碳效率进行了详细分析。系统的边界是从摇篮到农场的大门，包括主要的农业投入、农业活动以及与温室气体排放和碳封存有关的土壤变化。如前所述，由于有众多的模型选择，碳足迹和碳效率研究很难进行直接比较。我们注意到，本研究中采用的 N 肥生产的温室气体排放系数高于其他研究（史磊刚等，2011；Xu 和 Lan，2016；Feng 等，2020）。然而，这不太可能对研究结果产生实质性影响。对土壤有机碳变化的评估也存在一定的不确定性。然而，我们使用的是来自该地区的长期定位试验的成果。但是，未来土壤有机碳还是否能像过去一样实现稳定增长也存在不确定性。

7.5　粮碳相安未来可望而且可及

农业生产是全球食品安全的核心，世界人口的不断增长为提高作物产量创造了需求。然而，气候稳定目标需要农业温室气体排放总量减少。大多数关于谷物生产的研究表明，单位产品碳足迹已经实现减少。然而，这些都是通过农业集约化生产实现的，这在另一方面增加单位面积的温室气体排放，因此无助于实现温室气体绝对减少的目标。本研究基于长时间跨度的农业调查和农业系统实验，对桓台县 WWSM 轮作系统进行了系统分析，证实了大面积同时减少单位产品和单位生产面积碳排放的可行性，其中的关键因素是减少 N 肥的直接投入，通过秸秆还田和测土配方实施精准管理实现上述目标。由于桓台县在华北平原农业生产中具有典型性和代表性，因此大规模推广此类农业实践成为可能，未来农田生态系统在保障国家粮食安全的同时实现“净碳汇”是可望而且可及的。

参考文献

陈中督，吴尧，逄晋松，等．湖南省双季稻生产系统碳效率．应用生态学报，2015，26(1)：87-92.

刘巽浩，徐文修，李增嘉，等．农田生态系统碳足迹法：误区，改进与应用——兼析中国集约农作碳效率．中国农业资源与区划，2013，34(6)：1-11.

龙攀．有机物料还田对麦玉两熟农田土壤有机碳和系统碳净平衡影响研究．北京：中国农业大学，2014.

史磊刚，范士超，孔凡磊，等．华北平原主要作物生产的碳效率研究初报．作物学报，2011，37(8)：1485-1490.

田志会，马晓燕，刘瑞涵．北京市农田生态系统碳足迹及碳生态效率的年际变化研究．农业资源与环境学报，2015，32(6)：603-612.

王钰乔，濮超，赵鑫，等．中国小麦、玉米碳足迹历史动态及未来趋势．资源科学，2018，40(9)：1800-1811.

尹钰莹，郝晋珉，牛灵安，等．河北省曲周县农田生态系统碳循环及碳效率研究．资源科学，2016，38(5)：918-928.

张丹，张卫峰．低碳农业与农作物碳足迹核算研究述评．资源科学，2016，38(7)：1395-1405.

赵自超．华北平原优化农作条件下作物生产和温室气体减排研究．北京：中国农业大学，2017.

Adewale C，Reganold J P，Higgins S，et al. Improving carbon footprinting of agricultural systems：Boundaries，tiers，and organic farming. Environ. Impact Assess. Rev.，2018，71：41-48.

Al-Mansour F，Jejcic V. A model calculation of the carbon footprint of agricultural products：The case of Slovenia. Energy，2017，136：7-15.

Aweke M G，Lal R，Singh B R. Carbon footprint and sustainability of the smallholder agricultural production systems in Ethiopia. J. Crop Improv.，2014，28：700-714.

Bennetzen E H，Smith P，Porter J R. Decoupling of greenhouse gas emissions from global agricultural production：1970-2050. Glob. Chang. Biol.，2016，22：763-781.

Biswas W K，Barton L，Carter D. Global warming potential of wheat production in Western Australia：A life cycle assessment. Water Environ. J.，2008，22：206-216.

Biswas W K，Graham J，Kelly K，et al. Global warming contributions from wheat，sheep meat and wool production in Victoria，Australia—a life cycle assessment. J. Clean. Prod.，2010，18：1386-1392.

Browne N A，Eckard R J，Behrendt R，et al. A comparative analysis of on-farm greenhouse gas emissions from agricultural enterprises in south eastern Australia. Anim. Feed Sci.

Technol, 2011, 166-167, 641-652.

Burney J A, Davis S J, Lobell D B. Greenhouse gas mitigation by agricultural intensification. Proc. Natl. Acad. Sci. USA, 2010,107: 12052-12057.

Chen X P, Cui Z L, Fan M S, et al. Producing more grain with lower environmental costs. Nature, 2014,13609: 486-489.

Chen X P, Cui Z L, Vitousek P, et al. Integrated soil-crop system management for food security. Proc. Natl. Acad. Sci. USA, 2011, 108: 6399-6404.

Cheng K, Pan G, Smith P, et al. Carbon footprint of China's crop production—An estimation using agro-statistics data over 1993—2007. Agr. Ecosyst. Environ, 2011, 142 (3-4): 231-237.

Cheng K, Yan M, Nayak D, et al. Carbon footprint of crop production in China: An analysis of national statistics data. J. Agric. Sci., 2015, 153: 422-431.

Clune S, Verghese K, Crossin E. Systematic review of greenhouse gas emissions for different fresh food categories. J. Clean. Prod., 2017, 140: 766-783.

Cui Z, Dou Z X, Ying H, et al. Producing more with less: Reducing environmental impacts through an integrated soil-crop system management approach. Front. Agric. Sci. Eng., 2020, 7: 14-20.

Cui Z L, Yue S C, Wang G L, et al. Closing the yield gap could reduce projected greenhouse gas emissions: A case study of maize production in China. Glob. Chang. Biol., 2013, 19: 2467-2477.

Dubey A, Lal R. Carbon footprint and sustainability of agricultural production systems in Punjab, India, and Ohio, USA. J. Crop Improv, 2009, 23: 332-350.

Espinoza-Orias N, Stichnothe H, Azapagic A. The carbon footprint of bread. Int. J. Life Cycle Assess, 2011, 16: 351-365.

Fantin V, Righi S, Rondini I, et al. Environmental assessment of wheat and maize production in an Italian farmers'cooperative. J. Clean. Prod., 2017, 140: 631-643.

Feng Y P, Zhao Y Y, Li S, et al. Sustainable options for reducing carbon inputs and improving the eco-efficiency of smallholder wheat-maize cropping systems in the Huanghuaihai Farming Region of China. J. Clean. Prod., 2020, 244: 118887.

Gan Y, Liang C, Wang X, et al. Lowering carbon footprint of durum wheat by diversifying cropping systems. Field Crops Res., 2011, 122: 199-206.

Gao B, Ju X T, Meng Q F, et al. The impact of alternative cropping systems on global warming potential, grain yield and groundwater use. Agric. Ecosyst. Environ., 2015, 203: 46-54.

González A D, Frostell B, Carlsson-Kanyama A. Protein efficiency per unit energy and per unit greenhouse gas emissions: Potential contribution of diet choices to climate change mitigation. Food Policy, 2011, 36: 562-570.

Hillier J, Hawes C, Squire G, et al. The carbon footprints of food crop production. Int. J. Agric. Sustain, 2009, 7: 107-118.

Huang J K, Wang X B, Rozelle S. The subsidization of farming households in China's agriculture. Food Policy, 2013, 41: 124-132.

Huang X, Chen C, Qian H, et al. Quantification for carbon footprint of agricultural inputs of grains cultivation in china since 1978. J. Clean. Prod., 2017, 142: 1629-1637.

IPCC. Climate Change 2007: Mitigation; Cambridge University Press: Cambridge, UK; New York, NY, USA, 2013.

Ju X T, Xing G X, Chen X P, et al. Reducing environmental risk by improving n management in intensive Chinese agricultural systems. Proc. Natl. Acad. Sci. USA, 2009, 106: 3041-3046.

Knudsen M T, Meyer-Aurich A, Olesen J E, et al. Carbon footprints of crops from organic and conventional arable crop rotations-Using a life cycle assessment approach. J. Clean. Prod., 2014, 64: 609-618.

Lal R. Carbon emission from farm operations. Environ. Int., 2004, 30: 981-990.

Lal R. Soil carbon sequestration impacts on global climate change and food security. Science, 2004, 304: 1623-1627.

Mueller N D, Gerber J S, Johnston M, et al. Closing yield gaps through nutrient and water management. Nature, 2012, 490: 254-257.

Liang L, Lal R, Ridoutt B G, et al. Life cycle assessment of China's agroecosystems. Ecol. Indic., 2018, 88: 341-350.

Liang L, Wang Y C, Ridoutt B G, et al. Agricultural subsidies assessment of cropping system from environmental and economic perspectives in north China based on LCA. Ecol. Indic., 2019, 96: 351-360.

Liao Y, Wu W L, Meng F Q, et al. Impact of agricultural intensification on soil organic carbon: A study using DNDC in Huantai County, Shandong Province, China. J. Int. Agric., 2016, 15: 1364-1375.

Liao Y, Wu W L, Meng F Q, et al. Increase in soil organic carbon by agricultural intensification in northern China. Biogeosciences, 2015, 12: 1403-1413.

Lin J, Hu Y, Cui S, et al. Carbon footprints of food production in China (1979-2009). J. Clean. Prod., 2015, 90: 97-103.

Maheswarappa H P, Srinivasan V, Lal R. Carbon footprint and sustainability of agricultural production systems in India. J. Crop Improv., 2011, 25: 303-322.

Meisterling K, Samaras C, Schweizer V. Decisions to reduce greenhouse gases from agriculture and product transport: LCA case study of organic and conventional wheat. J. Clean. Prod., 2009, 172: 222-230.

Meul M, Ginneberge C, Van Middelaar C E, et al. Carbon footprint of five pig diets using three land use change accounting methods. Livest. Sci., 2012, 149: 215-223.

Mohammadi A, Rafiee S, Jafari A, et al. Energy use efficiency and greenhouse gas emissions of farming systems in north Iran. Renew. Sustain. Energy Rev., 2014, 30: 724-733.

Nemecek T, Weiler K, Plassmann K, et al. Estimation of the variability in global warming potential of worldwide crop production using a modular extrapolation approach. J. Clean. Prod., 2012, 31: 106-117.

Pathak H, Jain N, Bhatia A, et al. Carbon footprints of Indian food items. Agric. Ecosyst. Environ., 2010, 139:66-73.

Pelletier N, Arsenault N, Tyedmers P. Scenario modeling potential ecoefficiency gains from a transition to organic agriculture: Life cycle perspectives on Canadian canola, corn, soy, and wheat production. Environ. Manag., 2008, 42: 989-1001.

Röös E, Sundberg C, Hansson P A. Uncertainties in the carbon footprint of refined wheat products: A case study on Swedish pasta. Int. J. Life Cycle Assess., 2011, 16: 338-350.

Rotz C, Montes F, Chianese D. The carbon footprint of dairy production systems through partial life cycle assessment. J. Dairy Sci., 2010, 93: 1266-1282.

Safa M, Samarasinghe S. CO_2 emissions from farm inputs "case study of wheat production in canterbury, New Zealand". Environ. Pollut., 2012, 171: 126-132.

Snyder C S, Bruulsema T W, Jensen T L, et al. Review of greenhouse gas emissions from crop production systems and fertilizer management effects. Agric. Ecosyst. Environ., 2009, 133: 247-266.

Tilman D, Balzer C, Hill J, et al. Global food demand and the sustainable intensification of agriculture. Proc. Natl. Acad. Sci. USA, 2011, 108: 20260-20264.

Tilman D, Cassman K G, Matson P A, et al. Agricultural sustainability and intensive production practices. Nature, 2002, 418: 671-677.

Tongwane M, Mdlambuzi T, Moeletsi M, et al. Greenhouse gas emissions from different crop production and management practices in South Africa. Environ. Dev., 2016, 19: 23-35.

Wang W, Guo L P, Li Y C, et al. Greenhouse gas intensity of three main crops and implications for low-carbon agriculture in China. Clim. Chang., 2015, 128: 57-70.

Williams A, Audsley E, Sandars D. Environmental burdens of producing bread wheat, oilseed rape and potatoes in England and Wales using simulation and system modelling. Int. J. Life Cycle Assess., 2010, 15: 855-868.

Xiao G M, Zhao Z C, Liang L, et al. Improving nitrogen and water use efficiency in a wheat-maize rotation system in the north china plain using optimized farming practices. Agric. Water Manag., 2019, 212: 172-180.

Xin Y, Tao F L. Developing climate-smart agricultural systems in the North China Plain. Agric. Ecosyst. Environ., 2020, 291:106791.

Xu X, Lan Y. A comparative study on carbon footprints between plant- and animal-based foods in China. J. Clean. Prod., 2016,112: 2581-2592.

Yan M, Cheng K, Luo T, et al. Carbon footprint of grain crop production in China -based on farm survey data. J. Clean. Prod., 2015, 104: 130-138.

Yang X, Gao W, Zhang M, et al. Reducing agricultural carbon footprint through diversified crop rotation systems in the North China Plain. J. Clean. Prod., 2014, 76: 131-139.

Zhang W S, He X M, Zhang Z D, et al. Carbon footprint assessment for irrigated and rain-fed maize (*Zea mays* L.) production on the Loess Plateau of China. Biosyst. Eng., 2018, 167: 75-86.

Zhang X Q, Pu C, Zhao X, et al. Tillage effects on carbon footprint and ecosystem services of climate regulation in a winter wheat-summer maize cropping system of the North China Plain. Ecol. Indic., 2016, 67: 821-829.

Zhang X, Bol R, Rahn C, et al. Agricultural sustainable intensification improved nitrogen use efficiency and maintained high crop yield during 1980-2014 in Northern China. Sci. Total Environ., 2017: 596-597, 61-68.

Zhao Z C, Wu D, Bol R, et al. Nitrification inhibitor's effect on mitigating N_2O emissions was weakened by urease inhibitor in calcareous soils. Atmos. Environ., 2017, 166: 142-150.

第8章　生态位视角下贵州茶产业现状、问题与对策

8.1　特色优势产业如何突出"特色"

2015年2月，农业部印发的《关于进一步调整优化农业结构的指导意见》强调以"保、调、稳、扩"为重点，调整优化粮经作物生产结构，走产出高效、产品安全、资源节约、环境友好的现代农业发展道路；对不同地区提出了具体要求和指导意见，其中西南地区特别强调要稳定水稻、玉米种植面积，大力发展园艺作物、中草药等特色农作物生产。在此大背景下，四川省重点建设"10+3"产业体系，即重点培育川茶、川菜、川果等十大特色产业；云南省大力发展茶叶、蔬菜、花卉、水果等九大重点特色产业；贵州省先以"5+1"特色优势产业为抓手，发展果蔬、茶叶、食用菌等五大特色优势产业，随即扩展到12项特色农业产业。根据贵州省2019年政府工作报告公布的数据，2018年贵州省调减低效玉米种植面积52.33万hm^2，调增高效经济作物44.47万hm^2，粮经作物面积比调整为35：65，其中，茶叶、火龙果、刺梨等种植规模居全国第1位（陈毓钊，2019）。可见，蔬果茶等是西南地区农业结构调整的重点，但由于调整的产业高度重叠，同质化发展导致恶性竞争的风险。因此，在农业产业结构调整过程中，如何确定自己独特的生态位，通过高质量发展，延长产业链、提升价值链，实现生态、经济和社会效益的同步提升值得深入探讨。

据国际茶委会统计数据，2008—2018年茶园种植面积年均增长世界为4%，中国为7.5%；茶叶产量年均增长世界为4.4%，中国约10%，中国茶园面积和茶叶产量占世界总面积和产量的比重不断上升，从2008年的46%和32%升至2018年的60%和45%（前瞻产业研究院，2019）。同期，中国茶叶出口量从29.5万t提高到36.5万t，位居世界第2位。但是，中国茶叶积压量逐步上升，从2008年的15

万 t 增至 2018 年的 34 万 t,2017 年高达 40 万 t。李佳禾(2017)调查显示,中国茶叶库存量达 80 万 t,接近中国茶叶产量的 1/3。此外,2008—2018 年中国茶叶出口量年均仅增长 2%,而且质优价廉,2018 年国内茶叶销售均价为 140 元·kg^{-1},出口茶均价为 4.8 USD kg^{-1}(约 33 元·kg^{-1})。总体上,无论内需还是外销,中国茶产业供过于求已经非常明显(前瞻产业研究院,2019;李佳禾,2017)。

就西南地区而言,中国茶叶流通协会数据显示,2018 年西南 3 省(贵州、云南、四川)茶园总面积 127.4 万 hm^2,占全国总面积的 43%,产量和产值分别占全国总量的 33%和 32%,是全国茶产业潜在增长点(肖智等,2017)。但是,西南 3 省的自然环境、产品和市场等要素高度重叠,因此都面临精准定位、高质量发展、实现产品和产业链增值的问题。在某种意义上,西南地区茶产业问题也是全国茶产业,甚至全国农业产业的共性问题。

蔬果茶是西南地区调整优化农业结构的重要内容,其根本目的是通过高质量发展,实现经济、生态和社会效益的和谐统一,因此,构建生态高值农业产业链势在必行。鉴于此,笔者以贵州茶产业为研究对象,基于生态位视角分析其现状、问题,并提出相应对策,以期为贵州茶产业高质量发展夯实基础,同时为其他产业和地区提供参考与借鉴。

8.2 东方树叶在贵州发展现状

2009 年,农业部发布《全国茶叶重点区域发展规划(2009—2015 年)》,黔中茶区被列为中国长江上中游特色和出口绿茶重点区域。贵州省委、省政府重点将茶产业打造成贵州现代农业第一产业、贵州第一出口农产品、中国茶叶第一大省、中国茶叶第一品牌,大力推进中国茶叶加工中心、原料中心、出口中心的建设,全力推动茶产业发展升级(李裴等,2019)。

贵州省统计年鉴数据显示,2008—2018 年贵州省茶园面积从 10.5 万 hm^2 增至 46.6 万 hm^2,产量从 3.5 万 t 增至 18 万 t,茶园面积在全国占比从 6.5%升至 15.6%,产量比重从 2.8%增至 6.8%(前瞻产业研究院,2019;贵州省统计局,2020)。贵州省茶园面积 2008 年在全国主产区排第 8 位,2013 年跃居全国第 1 位。据中国茶叶流通协会数据,2017 年和 2018 年贵州省茶园面积基本稳定,干毛茶产量居全国主产茶区第 7 位。随着大量茶园陆续进入采摘期和盛产期,贵州省茶叶产量将直线上升。根据《贵州茶产业发展报告(2018)》,2018 年贵州省茶叶产值已经超过 390 亿元,综合产值超过 500 亿元(李裴等,2019)。贵州省茶叶协会预测：贵州省可开发为茶园的面积近千万亩，到2020年全省茶园投产面积达46.67万hm^2，产量和产值分别达50万t和500亿元，未来贵州省茶园面积能够达到66.67万hm^2。

8.3 生态位视角下贵州茶产业发展存在的问题

贵州茶产业的优势，包括水土气候光照在内的自然资源优势、品种优势、品质优势，以及劳力和人文资源优势等（李裴等，2019；尼姣姣，2018；郎萍萍，2015；王甘露等，2003；刘声传等，2010；曾晞等，1999；黄敞亮等，2006）。生态位源于生态学，是生物完成其正常生活周期所表现的对特定生态因子的综合适应位置。生物占据的生态位越宽，其生存空间越大，适应能力越强，生存概率也就越高。目前，生态位理念逐渐被拓展到政治、经济、农业、工业等非传统生态学领域（彭文俊等，2016）。本节采用赵桂慎等（2018）提出的方法从生态位视角的生产要素、核心能力、产业和区域生态位4个层次分析贵州茶产业发展存在的问题、面临的挑战。

8.3.1 生产要素生态位缺乏发展效力

自然资源、资金、技术、人才、产品、市场是企业发展的基本生产要素，贵州省企业尚未充分发挥其效力。一般而言，良好的自然生态能实现高产，郎萍萍（2015）调查表明，2007年贵州茶叶单产为389.9 $kg \cdot hm^{-2}$，不及浙江（947.19 $kg \cdot hm^{-2}$）的50%，是安徽（523.1 $kg \cdot hm^{-2}$）的3/4。此后，贵州茶叶单位产量持续下降，2013年降至284.1 $kg \cdot hm^{-2}$。2018年，尼姣姣等（2018）调查贵州最大产茶县——湄潭县的干毛茶产量约800 $kg \cdot hm^{-2}$，仍低于全国平均水平，说明种植管理技术没有随着面积的增长同步提升。此外，贵州茶青浪费现象严重，大部分茶企重春茶而轻夏秋茶，每年被浪费掉的夏秋茶在80%左右（尼姣姣等，2017）。

从资金、技术和人才储备看，贵州每年茶产业的投入在100亿元左右，而各级财政资金投入不足10亿元，发展资金较缺乏。黔茶动态统计数据显示，2014年贵州茶叶企业3800余家；2018年贵州省注册的茶叶加工企业（合作社）4990家，其中国家级龙头企业7家，省级龙头企业228家，可见中小微企业仍然是市场的主体（陈政，2019）。调查结果显示，茶叶企业限于资金不足和技术短缺，往往生产设备技术落后，管理水平低下，无法形成科学合理的组织形式，缺乏扩大再生产的能力（郎萍萍，2015）。技术人才方面，2016年贵州大学设立茶学院培养本科和硕士生，同年贵阳学院开设茶学专业培养本科生，每年培养约百名本科生和硕士生。此外，贵州有10所高职院校开设茶学专业，每年招生600余人。而贵州每个茶叶主产县各层次专业技术人员的实际需求在千人以上，当前贵州高校和职业学校培养专业人才的数量和质量与企业和市场需求尚存在较大缺口(蒲应秋等，2019)。

产品和市场拓展方面均不容乐观，且任重道远。据贵州茶叶协会统计，贵州基本以干毛茶生产、销售为主，300余家企业涉及精深加工，开发出茶籽油、茶枕、茶酒、茶食品、茶护理品等多种产品，鲜有涉及提取活性成分发展生物制药、保健美容、化工制品产品，近5000家企业(合作社)仅有6%企业涉及深度研发，且仍处于产品粗加工阶段(陈政，2019)。在品牌创建上，贵州本土具有一定区域影响力的茶叶品牌已达数十种，其中以雷山银球茶、凤冈锌硒茶、石阡苔茶等为首的贵州首批10大公用品牌。近年来，贵州省极力向外推荐都匀毛尖、湄潭翠芽、绿宝石和遵义红等“三绿一红”黔茶，欲以此做黔茶尖端核心品牌。在2018年中国茶叶区域公用品牌价值评估中，都匀毛尖、湄潭翠芽、梵净山茶和凤冈锌硒茶分别列第9、24、31和44位，显示出较强的实力。胡晓云等(2018)和张亚芝(2019)发现，贵州省品牌市场和形象定位存在同质化问题。市场营销角度方面，贵州品牌茶的知名度和美誉度在国内远逊西湖龙井、云南普洱、武夷山大红袍、信阳毛尖等。由于品牌效应相对缺乏，黔茶在国内外市场占有率均不彰显。中国茶叶流通协会数据显示，在2018年中国茶叶百强县前20名中，贵州省湄潭、凤冈和都匀分别列第2名、第10名和第20名，但中国茶企百强贵州无一入围。说明贵州是产茶大省，但还不是茶产业强省。近年来，贵州省2/3以上的高档春茶都是贵州省自己消化。中国海关数据显示，2017年和2018年中国茶叶出口35.5万t和36.5万t，贵州省出口2300 t和1597 t，在全国排名第13位，仅占中国出口总额的0.6%和0.4%，与贵州茶叶巨量的生产面积和产量极不对称，距贵州省委、省政府的预期目标还有很大距离(李裴，2019)。

8.3.2 核心能力生态位缺乏产业引领力

在核心能力生态位中，投资、研发、销售、服务附加值相对较高，生产(加工)环节附加值最低(赵桂慎等，2018)。贵州茶企总体焦聚于原料生产和初加工，处于产业链底端，缺乏产业引领力。贵州有茶企(合作社)近5000家，但国家级龙头企业仅7家，绝大部分集中于初级干毛茶的生产和加工，涉及产品精深加工不多(李裴等，2019；陈政，2019)。2016年贵州大学茶学院落户湄潭，才正式开始校企结合进行技术研发，起步较晚，在此方面与其他茶叶主产区的差距较大(蒲应秋等，2019)。在技术研发方面，贵州虽制定了《地理标志产品 凤冈锌硒茶》《凤冈锌硒茶加工技术规范》等地方标准，都匀毛尖茶(集团)有限公司、纳雍县贵茗茶业有限责任公司等 9 家企业的茶叶产品通过有机茶认证,但绿色有机、功能性农产品专利申请数量上,贵州省在全国排名 22 位(赵桂慎等,2018;陈政,2019)。通过 10 余年的“跑马圈地”,贵州省茶园面积急剧扩张,总产量迅速增长,但缺乏技术指导,贵州省鲜茶和干毛茶的单产长期低于全国平均水平(尼姣姣等,2017)。贵州省是优质绿茶的生产大省,为让黔茶走出深山,全省上下大力拓展茶叶连锁店、超市茶叶专柜、批发市场交易兼零售、集团购买等销售渠道。目前,茶叶生产、存储、配送、销售体系虽已基本完善,但迄今为止,黔茶无一家公司挤入全国销售百强。整体而言,就核心能力生态位而言,贵州茶产业大而不强,缺乏核心竞争力。

8.3.3 产业生态位缺乏系统有效融合

现代三产完整的产业生态链涉及生产体系、经营体系和消费体系,需要有效融合。黔茶在一产布局已基本成型,但从产业生态位角度看,仍存在不少风险和隐患,主要表现在以下三个方面:

一是产能过剩加大市场风险。国际国内茶叶市场总体呈供大于求的态势,中国茶叶的库存高达 80 万 t,随着理性消费,茶叶重新回归到饮茶群体的日常消费品,消费量趋于平稳,产能过剩威胁增加(李佳禾,2017)。2013—2018 年中国每年茶叶消费的增长量为 10 万 t(前瞻产业研究院,2019),按此增长趋势,2025 年中国消费量为 260 万 t。贵州省预计投产茶园面积 46.67 万 hm^2,潜在产量可达 40 万～50 万 t,贵州茶产业所面临的市场风险将会加大。此外,贵州进行产品深加工企业仅占 6%,茶旅融合还处于探索阶段,既缺特色和创意,又缺规模和品牌,一二三产业的深度融合急需强化(张亚芝,2019;易开刚等,2017)。

二是恶性竞争导致零和博弈。贵州省目前的茶企(合作社)中大部分是年产百吨左右的小企业和合作社。近年来,贵州引进“立顿”品牌进驻湄潭,英国太古农业股份有限公司、台湾隆泰农业股份有限公司相继投资,贵州开始规划和布局全产业链。若不创造良好的营商环境,规范管理,发挥中介组织的作用,实现行业自律,将导致大小企业之间、国有民营企业之间、贵州本土和外来企业之间围绕资金、资源、物流、销售和市场的恶性竞争。

三是消费市场和消费群体的不确定性。茶叶消费国际市场以红茶为主,中国消费者以绿茶为主,且中国茶叶主产区气候环境及加工企业掌握的技术更偏爱生产绿茶。中国当前茶文化的影响力和国家的软实力还没有达到改变其他地区饮茶习惯的程度。因此,在过去 10 余年,中国对于国际茶叶消费市场的开拓没有实质性的增长。当前,国内消费群体在 5 亿左右,且大多集中在 30～50 岁(前瞻产业研究院,2019;李佳禾,2017),如果不积极引导青少年健康消费、绿色消费,未来 10～

20 年，很容易出现消费断崖式下跌，消费市场和群体存在不确定性甚至骤然萎缩的潜在风险。

从产业生态位看，茶叶生产加工和旅游总体上还处于一种比较松散的结合（张亚芝，2019；易开刚等，2017；王刻铭等，2019）。贵州整个茶产业面临增长困境、成本困境、组织困境、竞争力困境和市场困境等劣势。大而不强，多而不精，缺乏统一组织、管理和协调，不聚焦品质提升、品牌塑造、细分市场、消费群体培育的形势，会导致贵州省茶叶产业长期处于产业链低端。此是贵州面临的问题，也是西南地区乃至中国农业产业的共性问题。

8.3.4 区域生态位缺乏战略定位

从国内茶产业发展情况看，中国茶叶东强西弱的格局正在被打破，茶叶生产的重心正在向西转移，但贵州茶产业仍缺乏明确战略定位。肖智等（2017）研究2009—2014 年的茶产业大数据发现，中国 18 省茶园面积、茶叶产量中心及名优茶产量中心正在由湖南湘北、湘西向贵州西移，“东茶西移”已成定局。但无论是品种选育、技术研发，还是创意营销、品牌策划、高技术、高产值、高利润要素仍在东中部地区。2017—2019 年数据显示，广东、福建的茶园面积基本稳定，但茶企的增幅仍是贵州、云南等中西部地区的 2 倍。这说明贵州茶产业在区域生态位上仍处于“承接”东部原料和初级产品的生产功能。

从国际茶产业发展情况看，发展中国家占据茶产业原料生产低端，发达国家占据加工提取的中高端的格局在短时间内难以打破。与发展中国家相比，中国以世界 60%的茶园面积只生产了 45%的干毛茶，在世界前 8 位产茶国中，单产最低，良种普及率较低（王刻铭等，2019）。与发达国家相比，中国茶叶的综合利用方面还有不小的距离（屠幼英，2018）。同时，气候变化、国际绿色贸易壁垒和意识形态偏见给中国茶产业进军国际市场带来更多的不确定性（Azapagic 等，2015；Duncan 等，2016；Farshad 等，2018；Haq 等，2018）。例如，2013 年欧盟委员会发布了新的环保政策——建立统一的绿色产品市场，同时发布的还有产品环境足迹（PEF）和组织环境足迹（OEF）方法学，对传统的绿色标签评价进一步系统化、规范化（Lehmann 等，2015）。这些规则客观上对包括茶产业在内的农业生产有利，但对于中国这样一个长期以小农模式和合作社生产为主的产茶大国而言，实现全生命周期的绿色清洁生产需要一个较长的过程。同时，由于西方意识形态偏见与技术标准交织叠加，中国茶叶及茶产品出口面临更多的隐性歧视和技术壁垒。

总之，贵州具有发展茶产业的先天优势，而且夯实了较好的基础，未来 5～10 年，黔茶产量会进入井喷期。但贵州茶产业生态位与其他地区高度重叠，表现在生态优势没有充分发挥，资金、技术、人才存在短板，产品单一，品牌多而杂，市场定位趋同，销售模式和消费方式不能满足当前社会多元需求。在出口增长有限、国内消费潜力尚未充分发掘及消费群体趋于老年化的形势下，贵州必须具有全产业链思维，实施创新驱动，强化市场引导，充分发挥自身优势，针对消费群体需求，构建高质量产业链，扩大消费群体，找到自身最适合的生态位，才能实现茶产业的高质量发展。

8.4 贵州茶产业高质量发展对策

8.4.1 从生产要素生态位强化要素效力

1.充分发挥生态资源优势打造绿色有机茶产业

贵州省山地丘陵面积占92%，重工业极少，山水林田湖草形成一个自然整体，生物多样性丰富有利生物防控、病虫害防范，适合发展绿色生态产业。因此，以有机肥替代化肥试点为抓手，加快集成推广病虫害绿色防控、农药减施增效技术、有机肥+配方肥及茶-沼-畜、林-灌-草等绿色生产模式，创建高标准生态茶园，夯实绿色发展基础，实现绿色生态发展，将全省打造成绿色有机茶叶的典范，使黔茶成为绿色有机的代名词(梁龙等，2019)。

2.发展功能茶业全产业链创造新的增长点

根据贵州土壤微量元素丰富，茶树能同时富集锌、硒、铁等元素的特点，可通过产学研结合，发展功能农业茶叶全产业链(梁龙等，2017；肖莹，2018；王薇，2006；梁龙等，2019)。在研发阶段，以高校院所为核心，围绕富硒、富锌、富铁、富氨基酸，实现茶业多种微量营养素天然富集和人工后天富集并举，实现技术研发、集成和示范。在生产端，以大中企业为龙头带动中小微企业及合作社，采纳成熟技术，延长茶业生产周期，实现四季生产，春茶加工绿色生态、富集多种微量成分的高端茶品；夏秋茶实施产业链延伸和拓展，从茶叶、茶籽中提取多酚类、生物碱类、氨基酸类、皂苷、不饱和脂肪酸等，助力食品、饮品、美容品、保健品产业的发展，拓展功能产品系列。在销售端，引进国际国内大型销售企业和平台，树立和传播“贵州冲泡、干净茶、功能茶”的绿色、健康的唯一性和不可替代性，让黔茶整体品牌有质的提升。同时，实施年龄分层战略，针对青少年儿童等潜在的消费群体，从传统的喝茶转向吃喝并举，以功能性茶点、糖果、饮品吸引此类庞大群体，减少其对碳酸饮品、高脂肪食品的依赖；对于城市白领和高收入群体，以绿色天然、功能时尚的茶饮品、茶美容品和保健品为突破口；针对中等收入群体和中老年群体，传播药食同源理念，提高传统茶叶和功能茶业、茶品的消费量（肖莹，2018；王薇，2006）。

3.针对多元消费需求将产业链做大做强

随着社会的多元发展，消费的多元化、个性化、特色化，将教育、医疗、文化、历史传承等要素与一二三产融合，实现六次产业共同发展已是大势所趋（屠幼英，2018；张婧，2019）。茶产品是中国社会主要馈赠品之一，企业需要相互渗透组合，积极开发具有创意的中高档礼品、常规家居日用品、年份茶、地方特色茶、创意茶礼、茶具等茶配套产品。根据青少年、都市白领追求个性新潮的饮品需求，开发女性饮品、白领茶品、年轻化茶、运动茶、个性茶、保健茶、速溶茶等。针对消费模式的多元化，除传统茶馆外，生产商和营销商可联合采用私人订制、西式茶吧、茶文化寻根、包种认耕等方式，通过六次产业有机结合，满足不同群体多元消费需求（杨芳琴等，2019；陈宗懋，2018）。

8.4.2 从核心能力生态位构建产业链强化价值链

1.通过拓宽生态位延长产业链实现产业增值

当前，中国有规模以上茶叶企业1600余家，但贵州省注册的茶企（合作社）就有近5000家，其中，国家级和省级龙头企业235家，占其总量的5%。从生态学角度看，生态位的宽度与其生存发展的概率成正相关。因此，龙头企业可根据自己的实力，找准核心产品，构建研发、生产、物流、销售于一体的产业链，创建品牌，实现可持续发展；中型企业可通过行业内外强强联手，优势互补，拓宽生态位、组建产业链。

2.通过生态位精细化提升核心竞争力实现生存增值

占总量95%以上的贵州小微茶企（合作社）拥有其他企业无法替代的自然资源和工艺，凭借其无法复制性和替代性找到其生态位，如凤冈县纯天然锌硒茶，具有近千年历史的虫茶工艺等。小微企业可在大中型企业占据的生态位之外找到自己的生态位，如对一些特定消费群体的小众需求，对大中型企业是“鸡肋”，但对小微企业而言则是“大餐”，可以在“夹缝中求生存和发展”。小微企业与大企业组建公司＋合作社＋农户及公司＋专业合作社等多种形式，成为大中型企业产业链的组成部分。对小微企业和合作社而言，缺乏核心竞争力就失去生存的基础。因此，细化生态位、创建核心竞争力至关重要。

3.通过理念创新、标准制定和品牌培育做大做强企业和地方产业

一流企业定标准、二流企业做品牌、三流企业做产品的说法揭示了现代高科技行业的真谛,中国茶产业70%产值和销售额都来自品牌产品。现代产业如果能够引导消费理念,极可能引发消费革命。目前,青年热衷各种品牌消费和创新消费,因此,只有做新消费理念和模式的创造者,标准和品牌的制定者,才能创造机遇,引领产业,获取超额利润。理念创新、标准制定和品牌培育是做大企业和产业的核心要素(陈宗懋,2018;陈桃等,2018)。

8.4.3 政府在产业和区域生态位中要有所为有所不为

1.在区域规划、资金、人才和技术引导方面要有所为

2016年10月,原农业部发布的《农业部关于抓住机遇做强茶产业的意见》强调坚持市场导向、强化政策引导。2020年6月,农业农村部再次发出《关于促进贫困地区茶产业稳定发展的指导意见》,强调合理控制规模、夯实产业基础、强化品牌建设、强化科技支撑、切实防范风险。对于贵州近5000家企业(合作社),政府不做"全职保姆""事必躬亲"。但政府及其职能部门既要充分尊重市场规律,发挥市场的核心和关键作用,又要宏观调控、加强引导。具体而言,一方面要加强规划,划定优势区,确定最宜区,引进优质企业,引导高质量生产要素向优势产区集中。另一方面要加强基础设施建设,加强技术指导和人才培养。对能让所有企业受益的交通、物流、水电气等基础建设投资不遗余力(陈桃等,2018)。既鼓励和支持省内外、国内外科研机构加强研发,加快科研成果的转化,又根据企业需要,积极搭台,实现产学研、产供销的深度融合。

2.利用大数据、区块链和标准制定实现地方特色产业高质量发展

就源头生产而言,贵州茶的品种和品质在全国乃至世界都处于前列,但如何将金融、生产、销售、消费、服务等要素整合,实现产业的健康发展是世界级难题。因此,地方政府引导、利用大数据和区块链技术,通过基地建设、产品加工、产品品质、消费服务等要素组合和高质量标准的制定,淘汰低端生产方式和产品,提升整个产业的品质,实现"黔茶"产业全程追溯、物流通畅、精准营销、超值服务,让"黔茶"在传统绿色生态的基础上添上现代品质品牌要素,成为高质量的标杆和典范(李颖悟,2020)。标准化建设国内外都有先例,国际上,斯里兰卡出口的红茶只有一个品牌——斯里兰卡品牌。国内浙江省2018年发布"浙江制造"标准559项,有35888家浙江企业公开标准136462项,"浙江标准"成为高质量发展的代名词(夏燕,2019;段砚等,2019),这些策略都值得参考和借鉴。

3.引导全体社会成员养成绿色健康生活习惯培养后备消费群体

中国近14亿人口，有数千年饮茶史，茶饮可以称之为“国饮”。中国茶叶消费群体近5亿人，人均消费量在世界排名第19位(李佳禾，2017)。可见，消费群体和消费量相对偏少偏低是制约茶产业快速扩张、可持续发展的最大因素之一。2018年中国茶叶出口为国家创汇近18亿美元，但国内茶叶销售价格是出口价格的4倍。把高质量产品以“白菜价”卖出，在某种意义上，中国不需要这种低廉的创汇方式。如果中国人均饮茶3杯$\cdot d^{-1}$，消费量为10 g$\cdot d^{-1}$，国内需求将高达500万t，全世界出口量供应还不能满足中国消费。因此，真正的消费群体和市场在中国自身。然而，当前茶产品最大的消费群体是中老年人，而少年儿童、城乡青年、都市白领更倾向碳酸饮料和糖类饮品，对国民经济和人民健康已造成巨大威胁。因此，政府需要有所作为，依托教育平台，融合媒体力量，将茶文化、茶饮食进入从小学到大学的课堂、学生的餐盒，让茶产业链成为茶文化课程和社会实践课程的有机组成部分。通过教育和媒体，动员一切资源，引导数以亿计的学生和城乡青年，养成绿色健康消费习惯，培养庞大的消费群体。此举既是政府应有的作为，也是实现茶产业快速、高质量、可持续发展的最有效方式。

8.5 贵州需要“贵州样板”

总之，贵州茶产业经过10余年的快速发展，其茶园面积和初级产品的规模已极为可观，产量和产值即将迎来喷发期。但国内外传统茶饮品市场均供大于求，贵州茶产业与周边地区生态位高度重叠，面临高原效应：生态资源优势没有充分发挥，资金、技术、人才存在短板；企业扎堆于初级产品生产销售环节，缺乏核心竞争力；生产、经营体系和消费群体高度雷同，面临同质化竞争，区域生态位功能相对单一，产业集群不够完整。因此，要从生产要素、核心能力、产业和区域生态位等方面固优势、补短板、强弱项、促创新，实现高质量发展，为贵州省特色产业发展探索出一条既不同于东部又不同于西部其他地区的新路，打造特色农业产业的“贵州样板”。

参考文献

陈桃，孙剑，李紫娟. 中国茶产业发展中存在的问题、原因与对策. 农业现代化研究，2018，39(3):424-431.

陈毓钊．农村产业革命取得历史突破．贵州日报，2019-01-17(06)．

陈政．推动贵州茶产业取得更大发展．贵州日报，2019-10-09(11)．

陈宗懋．新时代中国茶产业的创新与发展．农学学报，2018，8(1)：80-84．

段砚，姚俊颖．中国茶产业知识产权保护问题研究．山东社会科学，2019(6)：176-180．

贵州省统计局．贵州统计年鉴(2019)．北京：中国统计出版社，2020．

胡晓云，魏春丽，袁馨遥．2018 中国茶叶区域公用品牌价值评估研究报告．中国茶叶，2018(5)：31-50．

黄啟亮，龚永新，蔡烈伟．茶叶中锌含量研究进展．茶叶科学技术，2006(4)：12-14．

郎萍萍．竞争优势视域下贵州茶产业转型研究．贵州：贵州大学，2015．

李佳禾．2017 中国茶叶消费市场报告．茶世界，2017(10)：60-67．

李裴，胡继承．贵州茶产业发展报告(2018)．贵阳：贵州出版集团，2019．

李颖悟．区块链技术在茶产业中的应用．茶世界，2020(1)：12-16．

梁龙，Ridoutt B G，谢斌，等．发展功能农业解决"隐性饥饿"．科技导报，2017，35(24)：82-89．

梁龙，李茂盛，沈水琴．贵州绿色功能茶产业发展现状与对策．贵州农业科学，2019，47(9)：150-154．

刘声传，罗显扬，陈娟，等．茶树富集锌的生物学机制及贵州富锌茶开发潜力分析．安徽农业科学，2010，38(31)：17442-17444．

尼姣姣．贵州湄潭茶叶生产现状调查与优化施肥建议——以中华村为例．北京：中国农业大学，2018．

尼姣姣，王勇，卢小娜，等．贵州湄潭"黔湄 601"茶叶施肥现状及优化对策．中国热带农业，2017(1)：36-39．

彭文俊，王晓鸣．生态位概念和内涵的发展及其在生态学中的定位．应用生态学报，2016，27(1)：327-334．

蒲应秋，张源源．贵州茶学教育发展的历史透视与现状分析．教育文化论坛，2019(4)：26-32．

前瞻产业研究院．2018—2023 年中国茶叶行业产销需求与投资预测分析报告，2019．https://bg.qianzhan.com/．

屠幼英．茶的综合利用产业现状与未来．中国茶叶，2018(12)：7-11．

王甘露，朱笑青．贵州省土壤硒的背景值研究．环境科学研究，2003，16(1)：25-28．

王刻铭，刘仲华．全产业链视角下我国茶叶产业发展路径分析．湖南师范大学自然科学学报，2019(4)：83-88．

王薇．功能食品科技发展战略研究．北京：中国农业科学院，2006．

夏燕．"浙江标准"，高质量发展的一种创新表达．今日浙江，2019(5)：21-23．

肖莹．茶叶功能食品的开发及发展探讨．福建茶叶，2018(8)：25-26．

肖智，黄贤金，孟浩，等．2009—2014 年中国茶叶生产空间演变格局及变化特征．地理研究，

2017(1):109-120.

杨芳琴,姜仁华,陈富桥,等."一带一路"建设背景下中国与东盟茶叶贸易现状及前景分析.中国茶叶,2019(3):23-28.

易开刚,李解语.茶旅融合与互动发展:模型建构与效果测度——基于浙江省的实证研究.茶叶科学,2017(5):532-540.

曾唏,牟兰.贵州部分地区茶叶中硒含量的测定.贵州大学学报(自然科学版),1999,16(1):41-44.

张婧.日本一村一品运动走向世界对中国乡村振兴的启示.日本问题研究,2019,33(5):57-66.

张亚芝.贵州省茶产业品牌定位同质化问题及差异化策略探析.现代农业研究,2019(5):10-12.

张亚芝.贵州都匀毛尖茶文化与旅游产业融合发展探析.北方经贸,2019(6):155-156.

赵桂慎,郭岩彬,梁龙,等.中国功能农业发展与政策研究.北京:科学出版社,2018.

Azapagic A, Bore J, Cheserek B, et al. The global warming potential of production and consumption of Kenyan tea. Journal of Cleaner Production,2015,112:4031-4040.

Duncan J M A, Saikia S D, Gupta N, et al. Observing climate impacts on tea yield in Assam,India. Applied Geography,2016,77:64-71.

Farshad S F, Hamed K P, Nejad R M G, et al. Cradle to grave environmental-economic analysis of tea life cycle in Iran. Journal of Cleaner Production,2018,196:953-960.

Haq S U, Boz I. Developing a set of indicators to measure sustainability of tea cultivating farms in rize province,Turkey. Ecological Indicators,2018,95:219-232.

Lehmann A, Bach V, Finkbeiner M, et al. Product environmental footprint in policy and market decisions:Applicability and impact assessment. Integrated Environmental Assessment and Management,2015,11(3):417-424.

第9章　中国茶叶产业:净温室气体排放及缓解潜力

9.1　农业产业能否成为“净碳汇”

2018年,人为温室气体(包括CO_2,CH_4,N_2O和氟化气体)排放量超过500亿t(Crippa等,2021)。因此,需要采取紧急行动以遏制温室气体排放,避免因气候变化而引发最为严重的经济、社会以及环境后果。农业是温室气体(GHG)排放最重要来源之一,包括CO_2、CH_4和N_2O,占全球温室气体排放总量的20%～25%(Searchinger等,2018)。同时,农业土壤和种植系统由于能够吸收和储存碳而具有碳汇的潜力。Lal(2004a,2004b),Burney等(2010)、赵自超(2017),Tang等(2018)的研究证实了农业系统的碳汇能力。然而,减少农业温室气体排放与满足世界日益增长人口的粮食需求之间的平衡是一项非常艰巨的任务(Canadell等,2014)。正如Borowski等(2020)所说,在21世纪,不能分开来单独考虑每个部门,因为部门之间是相互关联的。此外,可持续性发展是一个复杂的主题,除了涉及气候变化、水资源枯竭和土壤退化等环境方面外,还与经济和社会福利方面相互关联。因此,要实现可持续发展,应建立能源、经济、环境、生态因素等整体视角或综合框架。例如,Biggs等(2015)利用“环境生活安全”的概念来探索自然供应和人类需求之间的可持续平衡。水、能源、粮食和气候变化等要素被广泛考证于社会需求和经济发展等领域研究之中(Borowski等,2020)。

在全球范围内,茶因其健康功能而成为最重要的饮料之一(Fang等,2019;Zhang等,2019),近几十年来,茶叶的种植面积和生产总量一直在增长。茶在世界上许多地方也是一种重要的经济作物,支持着小农的生计,特别是在中国、印度和斯里兰卡等国家。2018年,全球种植面积和产量分别为$494\times10^4 hm^2$和$585\times10^4 t$(梁龙等,2020)。虽然茶叶生产不是一个温室气体排放密集型的农业部门,但茶叶的种植和消费规模使其成为减少温室气体排放的一个重要方面。目前,学者们已经对印度(Cichorowski 等,2015; Doublet 等, 2010)、伊朗(Khanali 等,2017; Kouchaki-Penchah 等,2017;Soheili-Fard 等,2018)、斯里兰卡(Munasinghe 等,2017;Vidanagama 等,2018)、马拉维(Taulo 等,2016)、土耳其(Pelvan 等,2017)和肯尼亚(Azapagic 等,2016)的茶叶生产的能源效率、碳足迹和环境经济进行了研究和分析。Doublet 等(2010)、Cichorowski 等(2015)、Azapagic 等(2016)采用生命周期评价的方法对茶园消耗的温室气体排放进行分析。Taulo 等(2016)、Pelvan等(2017)、Vidanagama 等(2018)探讨了茶叶行业的能源消耗,结果表明:电力、柴油和生物质是茶叶加工的主要能源,但在土耳其等一些地区仍在使用煤炭。Munasinghe 等(2017)、Soheili-Fard 等(2018)分别对伊朗和斯里兰卡茶叶产业对社会、经济和环境的影响进行了综合分析。然而,所有这些研究都集中在区域层面,大多数研究并没有考虑茶园提供的生态服务。当然,一些研究已经调查了茶园生态系统的生态服务潜力。例如,Li 等(2011)、Zhang 等(2017)评估了中国茶园的碳储存情况。Pramanik 等(2020)探索了在印度东北部的茶园吸收大气中 CO_2 的能力。Kamau 等(2008)计算了茶园的碳储量和养分储量。Mishra 等(2020)分析了不同土地管理系统下总有机碳与土壤碳库的关系。然而,关于国家层面上茶叶产业的碳排放、碳平衡研究较少。

在中国,为了减少贫困以及支持农村经济发展,茶园规模和体量一直在扩大。2008—2018 年茶叶种植面积从 160×10^4 hm^2 增加到 298×10^4 hm^2,同时产量从 126×10^4 t 增加到 262×10^4 t。2018 年中国茶叶生产面积和产量约占世界总面积和产量的 60%和 45%。因此,茶叶生产正成为大部分茶产区的主要产业之一(Zeng 等,2013;Fang 等,2019)。

关于茶园管理,马立锋等(2013)、钱晓华等(2015)、尼娇娇(2018)、贺鼎(2018)分别调查了浙江、安徽、贵州和重庆的化肥以及农药使用情况。倪康等(2019)还对中国 14 个省的化肥使用和温室气体减排潜力进行了评估。其他研究人员则将重点放在了茶叶产量、茶叶质量和与施肥相关的土壤健康等方面。此外,戴桂金(2011)、王峰等(2013,2014)、Zhu 等(2014)、Zhang 等(2016)评估了茶园的温室气体排放量。狄英杰(2008)、成洲等(2016)、张强等(2018)评估了与茶叶加工相关的能源消耗和碳排放。Xu 等(2019)分析了我国有机茶生产的碳足迹和能源需求,结果表明,虽然浙江、福建等地区在茶叶加工中采用了电力、生物质颗粒等清洁能源,大部分省份,特别是中西部地区的省份,煤炭依然是加工的主要能源。

茶叶种植和加工是我国农业生产重要的组成部分。然而,现存的研究大多涉及在特定的地域生产系统或单位个体。目前缺乏的是在国家层面对茶生产及加工过程温室气体排放、碳汇和减排潜力分析，以便相关部门在茶叶系统减源增汇做决策进行参考。因此，本文的目的包括：①对中国茶叶产业，包括茶叶种植和加工子系统，相关的温室气体排放量（包括 CO_2、CH_4、N_2O）进行宏观估计；②量化茶园生态系统的碳汇和茶叶产业的温室气体减排潜力；③确定战略干预的关键点，使茶叶产业能够为全球温室气体减排做出贡献。

9.2　主产区基本情况及评价方法

9.2.1　茶叶生产基础数据

来自《中国茶叶年鉴》的数据描述了中国 16 个主要茶叶生产省份在 2017 年种植和采摘区的产量和产值（表 9-1）。台湾和海南虽然也生产茶叶，但由于数据的缺乏，这些省份并没有被统计在内。在肥料投入方面，数据主要来源于尼娇娇（2018）、倪康等（2019）在主要茶叶生产省份进行的调查（表 9-2）。这些大规模的调查对 16 个省、总采摘区 6%以上面积的数据进行了取样评估。对于其他农业投入，如柴油消耗、杀虫剂和除草剂，数据来自尼娇娇（2018）、贺鼎（2018）等相关研究。在茶园建设中未规模化使用的机械、建筑物及其他资本投入，则未被考虑。

表 9-1　2017 年中国茶叶产量和产值

省份	种植面积（万 hm^2）	采摘面积（万 hm^2）	产量（万 t）	产值（10^8 USD）	单位产量（$kg \cdot hm^{-2}$）
贵州	47.8	35.2	32.7	53.6	928
云南	41.3	38.1	38.7	20.9	1016
湖北	35.3	25.7	26.7	26.9	1039
四川	33.3	24.4	28.0	31.1	1148
福建	25.3	24.1	44.0	34.8	1826
浙江	20.0	17.9	17.9	28.7	1000
安徽	18.0	14.7	13.4	16.5	912
山西	16.7	10.1	8.9	18.9	881
河南	16.0	11.7	6.7	17.9	573
湖南	14.6	11.2	19.7	12.9	1759

续表 9-1

省份	种植面积 (10^4 hm^2)	采摘面积 (10^4 hm^2)	产量 (10^4 t)	产值 (10^8 USD)	单位产量 (kg·hm^{-2})
江西	10.0	7.2	6.4	8.2	889
广西	7.3	6.1	6.8	6.7	1147
广东	5.7	4.3	9.5	5.9	2029
重庆	5.2	3.5	3.7	3.5	1057
山东	4.1	2.1	2.7	8.7	1286
江苏	3.4	3.1	1.4	3.7	452
总计	304	239	267	298.8	1117

资料来源:2018 年中国茶叶年鉴。

表 9-2　我国主要茶产区的养分投入

省份	化肥 (kg·hm^{-2})			有机肥 (kg·hm^{-2})			总养分(kg·hm^{-2})			总养分比例
	N	P_2O_5	K_2O	N	P_2O_5	K_2O	N	P_2O_5	K_2O	(N∶P∶K)
贵州	383	163	159	37	21	26	420	184	185	0.53∶0.23∶0.24
云南	368	76	68	13	10	12	381	86	80	0.70∶0.16∶0.14
湖北	708	112	112	37	21	24	745	133	136	0.73∶0.13∶0.13
四川	573	107	105	54	40	49	627	147	154	0.67∶0.16∶0.17
福建	266	186	193	25	20	21	291	206	214	0.41∶0.29∶0.30
浙江	410	93	110	57	27	27	467	120	137	0.65∶0.17∶0.18
安徽	362	73	75	43	28	29	405	101	104	0.66∶0.17∶0.17
山西	247	23	43	105	71	82	352	94	125	0.62∶0.16∶0.22
河南	269	47	98	56	25	21	325	72	119	0.63∶0.14∶0.23
湖南	606	164	135	68	40	45	674	204	180	0.64∶0.19∶0.17
江西	604	176	198	13	9	11	617	185	209	0.61∶0.18∶0.21
广西	330	143	66	104	56	32	434	199	98	0.59∶0.27∶0.14
广东	353	105	105	255	58	59	608	163	164	0.65∶0.17∶0.18
重庆	235	59	51	46	33	25	281	92	76	0.63∶0.20∶0.17
山东	536	203	233	190	282	729	726	485	962	0.34∶0.22∶0.44
江苏	393	185	192	96	57	50	489	242	242	0.50∶0.24∶0.25
平均	415	120	121	75	50	78	490	170	199	0.57∶0.20∶0.23

资料来源:广东和广西的数据来自作者的调查;其他地区来自尼娇娇(2018),倪康等(2019)研究成果。

在茶叶加工阶段，尽管一些工厂已经开始利用电力、天然气和生物质，煤炭依然是我国最常见的能源。能源使用和能源成本数据来自成洲等(2016)、张强等(2018)的研究成果。在本研究中，煤炭作为传统能源，电力使用导致的温室气体排放统一采用火电，天然气和生物质被视为用于减缓温室气体排放的替代能源。

9.2.2　研究边界与方法

生命周期评价(life cycle assessment，LCA)是评估产品、系统或行动的潜在环境影响的有效工具(梁龙，2009；Liang 等，2019)。LCA 是从全生命周期的视角来开展研究，它考虑生产的各个阶段如在农田生产和企业加工中所发生的各种形式的资源利用和排放。本研究采用了 LCA 对中国茶产业的温室气体净排放量进行评估，其他非温室气体排放和资源消耗没有考虑在内。系统边界从摇篮到工厂大门，共分为三个子系统，即农资生产(包括化肥、农药、柴油等)，茶园生产(包括运输)和茶叶加工，加工重点是其能源消耗(图 9-1)。第一和第三子系统考虑了与农资生产和能源消耗有关的温室气体排放。对茶园进行了关于施肥、农药使用和运输、柴油消耗量的温室气体排放量计算。此外，还把土壤、茶树生长、茶叶产量相关的碳汇都列入了考虑范围。如前所述，像建筑物、道路等基础设施，由于基础数据缺乏等原因并没有被考虑进内。同样的原因，对于运输，只计算了柴油消耗量，并没有考虑包括车辆生产在内的机器——尽管它在现代农业中被广泛使用。研究选择了以下几个单位进行分析：生产地(省)、生产面积(hm^2)和产品(干毛茶 kg)。此外，还考虑了优化管理模式下降低温室气体排放的潜力，即在茶园进行优化施肥，以及在茶叶加工阶段，煤、电和天然气被生物质能取代情况下的减排潜力。

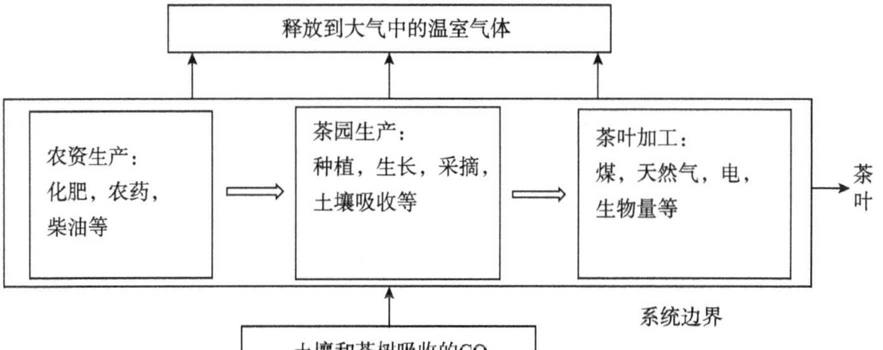

图 9-1　茶叶生产的系统边界以及茶叶生产阶段的流程图

9.2.3 温室气体排放源的计算

在农资生产、茶园生产子系统中，根据式(9-1)对与农资投入如化肥、农药，运输燃料相关的温室气体排放进行计算。根据式(9-2)，对在茶园土壤中施用化肥和有机肥相关的温室气体排放量进行定量分析(王峰等，2013，2014)。在茶叶加工子系统中，还使用式(9-1)来量化与能源消耗相关的温室气体排放。与该系统相关的温室气体排放总量则根据式(9-3)进行量化。采用100年全球变暖潜力(GWP100)气候度量，对 CO_2、CH_4 和 N_2O 的排放量进行二氧化碳当量计算(梁龙，2009；Liang 等，2019)。

$$E_{化肥生产、茶树种植、加工} = \sum (M_i \times F_i) \tag{9-1}$$

$$E_{土壤} = N_t \times 0.014 \times 1.57 \times 298 \tag{9-2}$$

$$E_{总} = E_{种植} + E_{土壤} + E_{加工} \tag{9-3}$$

式中：$E_{化肥生产、茶树种植、加工}$ 为农资、茶园生产和茶叶加工子系统中各种原料投入和能源消耗产生的温室气体；M_i 为 i 种原料或能源投入量；F_i 为 i 种原料或能源投入的排放因子；$E_{土壤}$ 为茶园土壤的温室气体排放量；N_t 为氮投入总量；$E_{总}$ 为包含化肥生产、茶叶种植、加工等茶产业各阶段生产的温室气体排放总量。另外，土壤的 N_2O-N 的排放系数为0.014，N_2O-N 对 N_2O 和 N_2O 对 CO_2 的转换系数分别为1.57和298(Wang 等，2014)。

9.2.4 碳汇的计算

本研究考虑了三个碳汇，即茶园生态系统中土壤、茶园茶树生物量增长和被采摘加工后的干毛茶中储存的碳。根据式(9-4)计算土壤的碳汇，用式(9-5)和式(9-6)分别来估算生物量和干毛茶中储存的碳(李世玉，2010；Li 等，2011)。总碳储量按式(9-7)计算。

$$C_{土壤} = \sum (A_i \times C_{Ai} \times 3.67) \tag{9-4}$$

$$C_{茶园} = \sum (A_i \times C_{Gi} \times 3.67) \tag{9-5}$$

$$C_{茶树} = \sum (Q_i \times 0.45 \times 3.67) \tag{9-6}$$

$$C_{总} = C_{土壤} + C_{茶园} + C_{茶} \tag{9-7}$$

式中：A_i 和 Q_i 分别为 i 地区茶园的采摘面积和茶叶产量，C_{Ai} 和 C_{Gi}(单位均为 $t\ C \cdot hm^{-2} \cdot 年^{-1}$)分别是 i 地区茶园产区土壤和生物量的年平均碳变化(Li 等，2011)。$C_{总}$ 是总的碳汇，$C_{土壤}$、$C_{茶园}$、$C_{茶}$ 是2017年整个茶叶产区中土壤、生物质和干毛茶中储存的碳量。0.45 和 3.67 分别为干毛茶中的 C 含量系数和 C 转换为 CO_2 的转换系数。

9.2.5　茶产业的减排潜能

关于温室气体减排的潜力，尼姣姣(2018)、Ji 等(2018)描述了中国茶园的最佳推荐管理模式(best recommend management，BRM)，在推荐模式中，N、P_2O_5 和 K_2O 投入推荐数值为 350 kg·hm^{-2}、90 kg·hm^{-2} 和 180 kg·hm^{-2}，其中有机肥投入应达到 25%。在茶加工子系统中，减少温室气体排放的方法则是用更清洁的能源，如电力、天然气和生物质能替代煤炭(成洲、廖茜，2016)。采用式(9-1)至式(9-3)评价 BRM 模式下的温室气体排放量，并根据式(9-8)评价温室气体减排潜力。

$$E_{potential} = E_{total} - E_{BRM} \quad (9\text{-}8)$$

式中：$E_{potential}$ 和 E_{BRM} 分别为温室气体减排潜力的数量和 BRM 模型下温室气体排放总量。

9.3　碳平衡的基础分析

9.3.1　茶叶产业的温室气体排放量

表 9-3 为 2017 年传统茶叶种植模式下化肥投入产生的温室气体排放量。16 个茶叶主产省份的温室气体排放总量为 907 万 t CO_2 eq，其中排放最多的是湖北(156.3 万 t CO_2 eq)、贵州(124.6 万 t CO_2 eq)、云南(121.9 万 t CO_2 eq)和四川(121.1 万 t CO_2 eq)。排放最少的是重庆(7.2 万 t CO_2 eq)。农资生产环节，每千克干毛茶和每公顷采摘区平均温室气体排放量分别为 3.31 kg CO_2 eq 和 3.70 t CO_2 eq。

表 9-3　常规模式和推荐模式下化肥投入有关的温室气体排放和减排潜力

省份	常规模式			减排潜力		
	kg CO_2 eq·kg^{-1}	t CO_2 eq·hm^{-2}	万 t CO_2 eq(每省)	kg CO_2 eq·kg^{-1}	t CO_2 eq·hm^{-2}	万 t CO_2 eq(每省)
贵州	3.82	3.54	124.6	1.45	1.34	47.3
云南	3.15	3.20	121.9	1.05	1.07	40.6

续表 9-3

省份	常规模式			减排潜力		
	kg CO_2 eq·kg^{-1}	t CO_2 eq·hm^{-2}	万 t CO_2 eq(每省)	kg CO_2 eq·kg^{-1}	t CO_2 eq·hm^{-2}	万 t CO_2 eq(每省)
湖北	5.86	6.08	156.3	3.76	3.91	100.4
四川	4.32	4.96	121.1	2.43	2.80	68.2
福建	1.45	2.65	63.8	0.25	0.45	10.9
浙江	3.61	3.61	64.6	1.44	1.44	25.7
安徽	3.46	3.15	46.3	1.11	1.01	14.9
山西	2.39	2.10	21.2	0.07	0.06	0.6
河南	4.14	2.37	27.8	0.42	0.24	2.8
湖南	3.04	5.35	59.9	1.79	3.15	35.3
江西	6.08	5.41	39.0	3.61	3.21	23.1
广西	2.60	2.99	18.2	0.74	0.85	5.2
广东	1.55	3.16	13.6	0.48	0.98	4.2
重庆	1.95	2.07	7.2	0.00	0.00	0.0
山东	3.83	4.93	10.3	2.11	2.71	5.7
江苏	8.16	3.69	11.4	3.28	1.48	4.6
平均	3.31	3.70		1.46	1.63	
总计			907			390

在茶园中，施肥导致的土壤 N_2O 排放是一个重要的温室气体排放源(表 9-4)。16 个省因土壤 N_2O 引发的温室气体排放总量为 769 万 t CO_2 eq，其中贡献最大的是湖北(125.4 万 t CO_2 eq)和四川(100.2 万 t CO_2 eq)。每千克干毛茶和每公顷采摘茶园平均温室气体排放量为 2.46 kg CO_2 eq 和 3.21t CO_2 eq。

表 9-4　常规模式和优化模式茶园种植土壤中的温室气体排放和减少潜力

省份	常规模式			减排潜力		
	kg CO_2 eq·kg^{-1}	t CO_2 eq·hm^{-2}	万 t CO_2 eq(每省)	kg CO_2 eq·kg^{-1}	t CO_2 eq·hm^{-2}	万 t CO_2 eq(每省)
贵州	2.54	2.75	96.8	0.49	0.46	16.1
云南	2.11	2.50	95.1	0.20	0.20	7.7
湖北	4.03	4.88	125.4	2.49	2.59	66.5

续表 9-4

省份	常规模式			减排潜力		
	kg CO_2 eq·kg^{-1}	t CO_2 eq·hm^{-2}	万 t CO_2 eq(每省)	kg CO_2 eq·kg^{-1}	t CO_2 eq·hm^{-2}	万 t CO_2 eq(每省)
四川	3.07	4.11	100.2	1.58	1.81	44.3
福建	0.89	1.91	45.9	0.00	0.00	0.0
浙江	2.62	3.06	54.8	0.77	0.77	13.7
安徽	2.49	2.65	39.0	0.40	0.36	5.3
山西	2.24	2.31	23.3	0.01	0.01	0.1
河南	3.18	2.13	24.9	0.00	0.00	0.0
湖南	2.15	4.41	49.4	1.21	2.12	23.8
江西	3.90	4.04	29.1	1.97	1.75	12.6
广西	2.12	2.84	17.3	0.48	0.55	3.4
广东	1.68	3.98	17.1	0.83	1.69	7.3
重庆	1.49	1.84	6.4	0.00	0.00	0.0
山东	3.17	4.76	10.0	1.92	2.46	5.2
江苏	6.07	3.20	9.9	2.01	0.91	2.8
平均	2.46	3.21		0.78	0.87	
总计			769			209

茶园种植子系统消耗的柴油、农药数量见表 9-5。2017 年 16 个省柴油和农药投入总量分别为 5.15 万 t 和 179.6 t，相应的温室气体排放量分别为 17.09 万 t CO_2 eq 和 3.23 万 t CO_2 eq。

表 9-5 茶园生产农药、油耗投入导致的温室气体排放

省份	农资投入		温室气体排放量		
	柴油（万 t）	农药（万 kg）	柴油（万 t CO_2 eq）	农药（万 t CO_2 eq）	小计（万 t CO_2 eq）
贵州	0.76	26.40	2.51	0.48	2.99
云南	0.82	28.58	2.72	0.51	3.23
湖北	0.55	19.28	1.83	0.35	2.18
四川	0.52	18.30	1.74	0.33	2.07
福建	0.52	18.08	1.72	0.33	2.05
浙江	0.38	13.43	1.28	0.24	1.52

续表 9-5

省份	农资投入		温室气体排放量		
	柴油（万 t）	农药（万 kg）	柴油（万 t CO_2 eq）	农药（万 t CO_2 eq）	小计（万 t CO_2 eq）
安徽	0.32	11.03	1.05	0.20	1.25
山西	0.22	7.58	0.72	0.14	0.86
河南	0.25	8.78	0.84	0.16	0.99
湖南	0.24	8.40	0.80	0.15	0.95
江西	0.15	5.40	0.51	0.10	0.61
广西	0.13	4.58	0.44	0.08	0.52
广东	0.09	3.23	0.31	0.06	0.36
重庆	0.08	2.63	0.25	0.05	0.30
山东	0.05	1.58	0.15	0.03	0.18
江苏	0.07	2.33	0.22	0.04	0.26
总计	5.15	179.6	17.09	3.23	20.3

在中国，茶叶加工一般使用煤炭、电力、天然气，其中煤炭是最常用的能源。生物质仅在少数工厂被用作低温室气体排放的能源。表 9-6 列出了满足茶叶加工需求条件下使用各种常规能源及生物质替代情况下的温室气体排放量，即使用煤炭（1178 万 t CO_2 eq）、电力（1507 万 t CO_2 eq）、天然气（668 万 t CO_2 eq）和生物质（111 万 t CO_2 eq）。以每千克干毛茶为基础，加工过程中与能源使用相关的温室气体排放量为 0.42～5.64 kg CO_2 eq，具体取决于不同的能源，每公顷采摘面积相应值为 0.47～6.30 t CO_2 eq（表 9-7）。

表 9-6　茶叶加工不同能源的温室气体排放和减排潜力　　万 t CO_2 eq

省份	煤	电	天然气	生物质	煤改生物质	电改生物质	气改生物质
贵州	144.2	184.4	81.8	13.6	130.6	170.8	68.1
云南	170.7	218.3	96.8	16.1	154.6	202.2	80.7
湖北	117.7	150.6	66.8	11.1	106.6	139.5	55.6
四川	123.5	157.9	70.0	11.6	111.8	146.3	58.4
福建	194.0	248.2	110.0	18.3	175.7	229.9	91.7
浙江	78.9	101.0	44.8	7.4	71.5	93.5	37.3

续表 9-6

省份	煤	电	天然气	生物质	煤改生物质	电改生物质	气改生物质
安徽	59.1	75.6	33.5	5.6	53.5	70.0	27.9
山西	39.2	50.2	22.3	3.7	35.5	46.5	18.5
河南	29.5	37.8	16.8	2.8	26.8	35.0	14.0
湖南	86.9	111.1	49.3	8.2	78.7	102.9	41.1
江西	28.2	36.1	16.0	2.7	25.6	33.4	13.3
广西	30.0	38.4	17.0	2.8	27.2	35.5	14.2
广东	41.9	53.6	23.8	4.0	37.9	49.6	19.8
重庆	16.3	20.9	9.3	1.5	14.8	19.3	7.7
山东	11.9	15.2	6.8	1.1	10.8	14.1	5.6
江苏	6.2	7.9	3.5	0.6	5.6	7.3	2.9
总计	1178	1507	668	111	1067	1396	557

表 9-7 中国茶叶生产利用不同能源相关的温室气体排放和减排潜力

功能单位	不同能源的温室气体排放				不同能源转化的减排潜力		
	煤	电力	天然气	生物质	煤改生物质	电改生物质	天然气改生物质
单位产量 ($kg\ CO_2\ eq \cdot kg^{-1}$)	4.41	5.64	2.51	0.42	3.99	5.22	2.09
单位面积 ($t\ CO_2\ eq \cdot hm^{-2}$)	4.92	6.30	2.80	0.47	4.46	5.83	2.33

9.3.2 茶园生态系统的碳汇

茶园生态系统总碳汇为 2136.7 万 t CO_2 eq，茶园生物质、土壤和收获茶叶中储存的具体数量分别为 1054.0 万 t CO_2 eq、641.3 万 t CO_2 eq 和 441.3 万 t CO_2 eq（表 9-8）。相应的比例分别为 49.3%、30.0%和 20.7%。具体到各省份，碳汇量靠前的省份包括云南（317.0 万 t CO_2 eq）、福建（298.2 万 t CO_2 eq）、贵州（287.8 万 t CO_2 eq）、湖北（217.6 万 t CO_2 eq）和四川（208.2 万 t CO_2 eq）。每公顷采摘面积和每千克干毛茶的平均碳汇分别为 8.93 t CO_2 eq 和 7.99 kg CO_2 eq。

表 9-8 2017 年我国茶园生态系统的碳汇 万 t CO_2 eq

省份	年生物质碳增长	年土壤碳增长	收获茶叶碳增长	总计
贵州	158.9	74.9	54.0	287.8
云南	172.0	81.1	63.9	317.0
湖北	109.4	64.1	44.1	217.6
四川	110.1	51.9	46.2	208.3
福建	108.8	116.8	72.7	298.2
浙江	76.2	44.7	29.6	150.4
安徽	62.6	36.7	22.1	121.4
山西	43.0	25.2	14.7	82.9
河南	49.8	29.2	11.1	90.1
湖南	47.7	28.0	32.5	108.2
江西	30.7	18.0	10.6	59.2
广西	27.5	29.6	11.2	68.3
广东	19.4	20.8	15.7	55.9
重庆	15.8	7.5	6.1	29.4
山东	8.9	5.2	4.5	18.6
江苏	13.2	7.7	2.3	23.2
总计	1054.0	641.3	441.3	2136.7

考虑到茶园生态系统的碳汇，茶叶产业净温室气体排放量将从 2875 万 t CO_2 eq 减少到 738 万 t CO_2 eq，相应的每公顷采摘面积和每千克茶叶净排放将分别降至3.08 t CO_2 eq 和 2.76 kg CO_2 eq，这意味着净碳足迹减少了 74.3%。

9.3.3 生命周期温室气体排放和减缓潜力

2017 年茶叶生产的生命周期温室气体排放（从摇篮到工厂大门）为 2875 万 t CO_2 eq（表 9-9）。能源消耗、化肥生产和土壤排放为主要来源，分别占总量的41%、31.6%和 26.7%左右。如果在整个茶叶产业实施推荐模式，总温室气体减排潜力为 1666 万 t CO_2 eq，约占常规模式温室气体排放量的 57.9%。其中，最大的潜在减缓温室气体排放的措施是将新能源用于茶叶加工，即用生物质能代替煤碳和电力。改善化肥管理是另一项重要的温室气体减缓行动策略(表 9-9)。

表 9-9 中国茶产业生命周期(从摇篮到加工厂)温室气体排放源及缓解潜力

万 t CO_2 eq

省份	温室气体排放源					小计	减排潜力			小计
	化肥	农药	柴油	土壤	能源		化肥	土壤	能源	
贵州	124.6	0.48	2.51	96.8	144.2	368.6	47.3	16.1	130.6	194.0
云南	121.9	0.51	2.72	95.1	170.7	390.9	40.6	7.7	154.6	202.9
湖北	156.3	0.35	1.83	125.4	117.7	401.6	100.4	66.5	106.6	273.5
四川	121.1	0.33	1.74	100.2	123.5	346.9	68.2	44.3	111.8	224.3
福建	63.8	0.33	1.72	45.9	194.0	305.8	10.9	0.0	175.7	186.6
浙江	64.6	0.24	1.28	54.8	78.9	199.8	25.7	13.7	71.5	110.9
安徽	46.3	0.20	1.05	39.0	59.1	145.6	14.9	5.3	53.5	73.7
山西	21.2	0.14	0.72	23.3	39.2	84.6	0.6	0.1	35.5	36.3
河南	27.8	0.16	0.84	24.9	29.5	83.2	2.8	0.0	26.8	29.6
湖南	59.9	0.15	0.80	49.4	86.9	197.2	35.3	23.8	78.7	137.8
江西	39.0	0.10	0.51	29.1	28.2	96.9	23.1	12.6	25.6	61.3
广西	18.2	0.08	0.44	17.3	30.0	66.0	5.2	3.4	27.2	35.7
广东	13.6	0.06	0.31	17.1	41.9	73.0	4.2	7.3	37.9	49.4
重庆	7.2	0.05	0.25	6.4	16.3	30.3	0	0.0	14.8	14.8
山东	10.3	0.03	0.15	10.0	11.9	32.4	5.7	5.2	10.8	21.7
江苏	11.4	0.04	0.22	9.9	6.2	27.8	4.6	2.8	5.6	13.0
总计	907	3.2	17.1	769	1178	2875	390	209	1067	1666

至于具体的各个子系统，茶叶种植中的化肥投入产生的温室气体排放量可减少 390 万 t CO_2 eq，相当于每公顷采摘面积减排 1.63 t CO_2 eq 或每千克干毛茶减排 1.46 kg CO_2 eq(表 9-3)。与表 9-2 中的传统施肥方法相比，这意味着农业投入造成的温室气体排放减少了 40%以上。

对于茶园子系统，随着化肥投入的减少，土壤中的 N_2O 排放也相应减少。如表 9-4 所示，如果在整个茶园实施推荐模式，土壤温室气体排放的潜在减少幅度为 209 万 t CO_2 eq，相当于每公顷采摘面积和每千克干毛茶减排 0.87 t CO_2 eq 和

0.78 kg CO_2 eq。这意味着土壤中的温室气体排放量减少了 25%以上。

在茶叶加工子系统中，使用了煤、电、天然气和生物质能等不同能源。如果用生物质取代煤炭来满足相同的能源需求，仅此一项行动就可能将茶叶生产中的温室气体排放量减少 1067 万 t CO_2 eq(表 9-9)，与使用煤炭或电力相比，温室气体排放减排 90%以上。

就各省而言，各省的排放量和各自的减排潜力各不相同(表 9-9)。湖北省最高排放量(401.6 万 t CO_2 eq)，温室气体减排潜力为(273.5 万 t CO_2 eq)，其次是云南(390.9 万 t CO_2 eq 和 202.9 万 t CO_2 eq)、贵州(368.6 万 t CO_2 eq 和 194 万 t CO_2 eq)、四川(346.9 万 t CO_2 eq 和 224.3 万 t CO_2 eq)和福建(305.8 万 t CO_2 eq 和 186.6 万 t CO_2 eq)。

常规管理模式下每公顷茶园的温室气体排放总量为 12.01 t CO_2 eq，最大的来源是能耗(4.92 t CO_2 eq)，其次是化肥(3.79 t CO_2 eq)和土壤排放(3.21 t CO_2 eq)(图 9-2)。如果采用推荐模式，潜在的温室气体减缓量将为 6.96 t $CO_2\,hm^{-2}$，减少 58%。每生产千克干毛茶的总排放量为10.76 kg CO_2 eq，在推荐模式下，每千克干毛茶可以减少 6.23 kg CO_2 eq(图 9-3)。

如果将碳汇潜力和温室气体减排潜力相结合，其效益将高达 3802 万 t CO_2 eq，高于茶叶行业的温室气体排放量。因此，如果考虑到碳汇和推荐的管理实践，茶产业将会是一个很有希望的碳汇(图 9-4)。

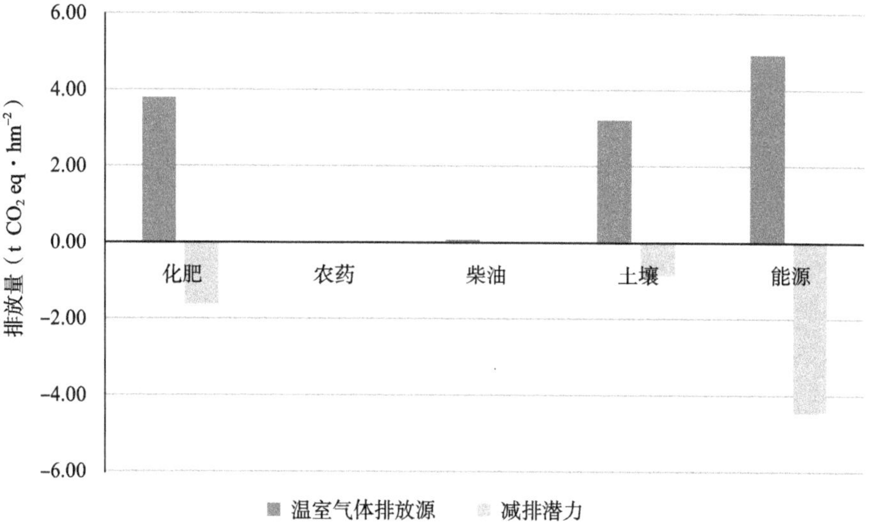

图 9-2　中国每公顷茶叶生产(种植到加工)的温室气体排放量及推荐模式下的减排潜力

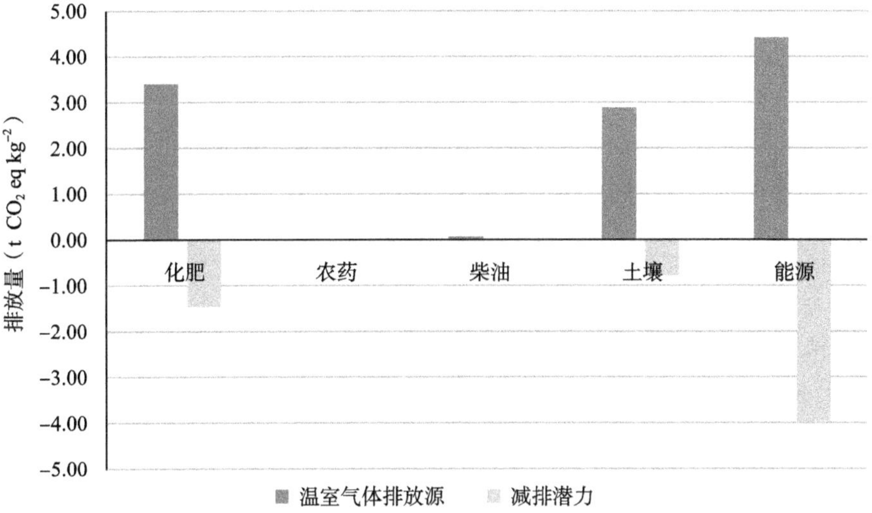

图 9-3　中国每千克茶叶生产(种植到加工)的温室气体排放及减排潜力

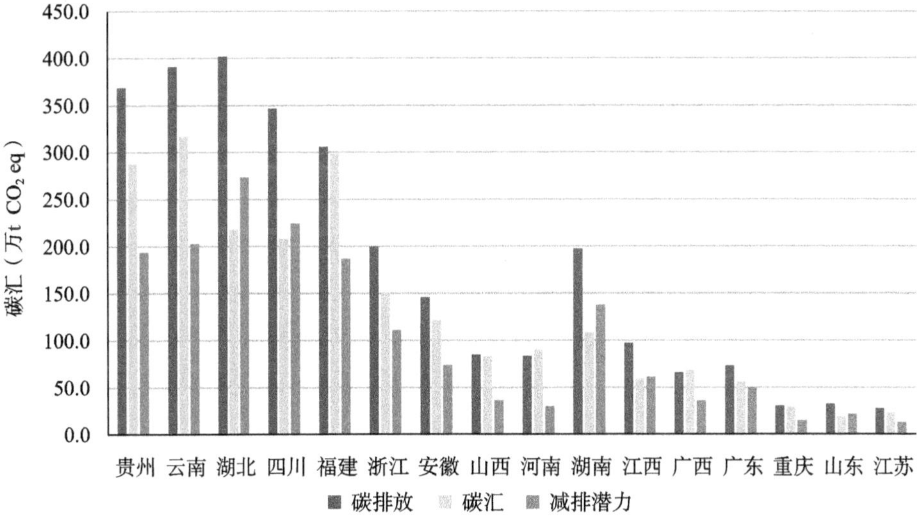

图 9-4　中国主要茶叶产区温室气体排放、碳汇以及推荐模式减排潜力

9.4 茶产业未来

9.4.1 中国茶产业的温室气体排放

本研究对 2017 年中国茶叶产业的温室气体排放和减排潜力进行了初步评估。16 个主要茶叶生产省份的总排放量(从摇篮到工厂大门)为 2875 万 t CO_2 eq,这相当于每公顷采摘面积和每千克干毛茶分别排放 12.01 t CO_2 eq 和 10.76 kg CO_2 eq。在中国,大多数关于农业领域温室气体排放的研究都集中在大米、玉米和小麦等粮食作物上(Chen 等,2014;陈中督等,2015;Cheng 等,2015;Wang 等,2015;Lin 等,2015)。有关茶叶、蔬菜和水果等经济作物的研究相对较少,尽管这些作物的经济重要性及其环境影响越来越大(Xu 等,2016;倪康等,2019;Liang 等,2019;阮建云,2019)。茶产业已被证明是温室气体排放重要碳源(王峰等,2013,2014;戴桂金,2011;张强等,2018)。因此,对该行业的温室气体排放进行全国范围的评估对于相关部门指导战略性温室气体减排工作相当重要,特别是在某些地区,通过山林荒地改造为茶园种植导致面积急剧增长,同时茶叶加工规模和产量也在迅速增长,这一变化除了考虑经济和社会效益,生态效益同样不容忽视(Yao 等,2018)。

与茶叶生产相关的温室气体排放量,不同的研究结果差异很大(表 9-10),这反映了特定地区的生产实践和效率的差异,以及选择的系统边界和所使用的建模方法的差异。例如 Cichorowski 等(2015)评估了印度的茶叶生产,包括种植、收获、运输、使用和废物处理阶段,结果表明,每千克大吉岭茶的温室气体排放量为 7.1～25.3 kg CO_2 eq。相比之下,Khanali 等(2017)只评估了茶叶的加工阶段。如本研究所示,农业土壤温室气体排放总量在整个生命周期中做出了重要贡献,但不同研究对农业土壤温室气体排放评估差异很大,部分研究甚至没有考虑,因此,很难将单个案例研究结果进行直接比较分析。

9.4.2 茶园生态系统中的碳汇

在本研究中,碳汇值为 2136.7 万 t CO_2,可以抵消总碳源的 74.3%。这一结论是在李世玉(2010)、Li 等(2011)前期研究基础上得出的结论,他们通过实证研究,分析了中国不同地区茶园生态系统的碳汇能力。李世玉(2010)对来自中国主要茶叶生产地区(5～50 岁茶龄)12 个省份 563 个生物量和 255 个土壤样本进行了

表 9-10 与茶叶生产相关的温室气体排放量调查

地区	系统边界	功能单位	碳排放	参考文献
印度	从摇篮到坟墓	1.75g 茶+250 mL 水	19～170 g CO_2 eq	Doublet 等(2010)
印度	从摇篮到工厂大门	1 kg 大吉岭茶	7.1～25.3 kg CO_2 eq	Cichorowski 等(2015)
印度	从摇篮到坟墓	8 g 有机茶+1 L 水	0.15 kg CO_2 eq	Cichorowski 等(2015)
伊朗	从摇篮到茶园大门	1 t 鲜叶	442 kg CO_2 eq	Kouchaki-Penchah 等(2017)
伊朗	从摇篮到坟墓	1 kg 桂兰茶	2.35～5.91 CO_2 eq	Soheili-Fard 等(2018)
伊朗	从工厂进门到出门	1 t 茶	1319～1339 kg CO_2 eq	Khanali 等(2017)
斯里兰卡	从收获到工厂大门	1 t 茶	514～603 kg CO_2 eq	Vidanagama 等(2018)
斯里兰卡	从摇篮到坟墓	1 kg 茶	32 kg CO_2 eq	Munasinghe 等(2017)
马拉维	从工厂进门到出门	1 kg 茶	4.32 kg CO_2 eq	Taulo 等(2016)
土耳其	从摇篮到超市大门	1 t 茶	1730 kg CO_2 eq	Pelvan 等(2017)
土耳其	从摇篮到超市大门	1 t 有机茶	1500 kg CO_2 eq	Pelvan 等(2017)
肯尼亚	从摇篮到坟墓	1 kg 茶	12 kg CO_2 eq	Azapagic 等(2016)
中国	从摇篮到超市大门	1 kg 有机茶	4.5～19.9 kg CO_2 eq	Xu 等(2019)
中国	从摇篮到工厂大门	1 kg 茶	10.76 kg CO_2 eq	本研究

实验分析，是本研究的重要支撑。与经济盈利能力和温室气体排放量相比，专注于茶园碳汇的研究相对较少(Chen 等，2011；Azapagic 等，2016；倪康等，2016；Munasinghe等，2017；Soheili-Fard 等，2018)。在肯尼亚西部，Kamau 等(2008)评估了14～76年茶龄茶园的碳总量。Wijeratne 等(2014)评估了斯里兰卡茶园作为

减缓气候变化和促进绿色经济的一种替代模式的碳封存潜力。至于印度，Phukan 等(2018)、Pramanik 等(2020)估计东北茶园的 CO_2 封存潜力，以及茶种植期间缓解全球变暖的潜力，但这些研究只对茶树的 CO_2 吸收进行了一些测量，而没有考虑土壤的源和汇。此外，Mishra 和 Sarkar(2020)研究了不同土地管理系统下总有机碳与土壤碳库间的关系，分析了茶园作为土壤碳汇的潜力。

在中国，尽管茶园作为碳汇的功能已经被不少学者所认识(沈星荣等，2012；陈剑等，2013；倪康等，2016)，但通过调查和实验进行量化研究的相对较少。萧自位等(2012)估算了中国西南地区云南省西双版纳不同茶园农林复合系统的碳储存情况。孙小祥等(2014)计算了中国太湖流域西部山区茶园生态系统的碳通量特征。Zhang 等(2017)分析了 1950—2010 年中国茶叶种植园碳储存的时间演变情况。所有这些研究都集中在一些特定地点和时间跨度上，这限制了它们支持国家层面制定相应茶产业减源增汇战略行动的能力。因此，在国家和地区层面，茶园生态系统的碳汇研究从宏观到微观层面的研究都还有待进一步加强。

9.4.3 减缓温室气体排放的潜力

本研究表明，如果中国茶叶生产采用推荐模式，即减少化肥投入和生物质取代煤炭作为茶青加工能源，温室气体排放量可以减少 58%，即 1666 万 t CO_2 eq。换句话说，每公顷茶叶采摘面积的温室气体排放量可以从 12.01 t CO_2 eq 降至5.05 t CO_2 eq，每千克干毛茶的相应数值可以从 10.76 kg t CO_2 eq 下降到 4.53 kg CO_2 eq。相比之下，Kouchaki-Penchah 等(2017)通过优化农业投入，印度茶叶生产的温室气体减排潜力约为 19%。Cichorowski 等(2015)发现，对于大吉岭茶叶生产来说，用有机肥代替化肥可以将温室气体排放量从每千克茶 9.6 kg CO_2 eq 降至 3.3 kg CO_2 eq，减排近三分之二。Munasinghe 等(2017)证实，在茶叶加工过程中，将生物质用作能源是斯里兰卡减少温室气体排放的优先战略选项。Pelvan 和 Özilgen(2017)强调，在常规生产产量相当的情况下，有机生产方法是茶叶生产减少温室气体排放的一种有效战略。此外，包括种植、运输和加工等在内，机械在茶叶行业中发挥着重要作用。因此，使用效率较高的发动机、降低运营消耗以及减轻运输车辆重量都是减少温室气体排放的有效策略(Yao 等，2011；Mehmet 等，2014)。在本研究中，由于数据的限制，我们只考虑了在运输过程中使用的燃料，然而，在实践中，还存在很多不确定或者潜在的减排要素(Seufert 等，2012；Meng 等，2017)，因此，未来还需要进行更多研究。在中国，Xu 等(2019)估算了中国五种有机茶产品的碳足迹，结果表明，在栽培阶段，每公顷采摘面积的温室气体排放量低至 1.71 t CO_2 eq。因此，更应探索我国广泛采用有机生产方法进行茶叶种植的可行性。

9.4.4 茶叶行业的关键因素分析

尽管中国是最大的茶叶生产国，但单位种植面积和单位茶叶生产的温室气体排放量都高于其他一些地区（表 9-10）。因此，估算茶园碳汇的价值，并减少温室气体排放，应该是我国茶叶行业优先考虑事项。然而，与其他地区相比，中国的投入相对于产量显然偏高。在中国，每公顷种植面积氮（N）、磷（P_2O_5）、钾（K_2O）的平均投入量分别为 490、170 和 199 kg（表 9-2）。相比之下，在土耳其，每公顷相应投入低至 25、30 和 15 kg（Pelvan 等，2017）。在伊朗，每公顷化学 N 肥投入为 355 kg，P 为 66 kg，另外加施 351 kg 农家肥（Kouchaki-Penchah 等，2017）。在印度的传统茶叶生产中，每公顷尿素、钾肥和岩石磷酸盐的投入量分别为 136、100 和 100 kg（Cichorowski 等，2015）。与此相反，在中国，每公顷采摘面积平均产量仅有 1117 kg 干毛茶（表 9-1），而伊朗、土耳其、肯尼亚和印度等地区的每公顷产量分别为 3676、3182、2164 和 2137 kg（中国茶叶协会，2018）。因此，在中国，提高单位种植面积的产量同时减少化肥的使用是个非常现实而又紧迫的问题。

为了提高产量，降低我国茶叶的生产成本和环境影响，必须提高化肥使用效率。然而，迄今为止，在此方面关注重点都集中在氮肥投入和高效利用方面，如何有效利用磷肥和钾肥（Maghanga 等，2013；Chen 等，2016；Ji 等，2018；Qiao 等，2018），以及实现平衡施肥所做的研究和努力相对较少（Venkatesan 等，2004；Wang 等，2006；唐劲驰等，2011；Ruan 等，2013；倪康等，2019）。唐劲驰等（2011）建议 N、P_2O_5 和 K_2O 的应用比例应为 0.5、0.2 和 0.3。基于 10 年的实地试验，Ji 等（2018）建议在中国的茶叶生产中使用无机和有机肥的比例应为 4∶1。然而，尼娇娇（2018）、倪康等（2019）的实际调查发现，中国的茶叶生产者很少遵循基于实地试验的研究建议，更多的是凭自己经验，导致施肥的数量和比例往往不合理（表 9-2）。因此，如何让茶园生产者和管理者接受基于科学实验的优化施肥建议显得极为重要。

9.4.5 研究的局限性

本研究利用现有的数据对我国茶叶产业的温室气体排放量、碳汇潜力和减排潜力进行了量化评估。在种植面积和产量方面，使用了详细的国家统计数据（见第 9.2.1 节）。就碳汇而言，数据来自 12 个主要茶叶生产省份采集的可靠样本（李世玉,2010;Li 等,2011)。然而,考虑到茶园固碳的重要性,这类研究可以扩展建立一个完整的国家数据库。首先,关于化肥使用,由于数据不完整、全国也缺少相应的统计数据(阮建云,2010),化肥使用量是基于实地研究中收集的数据,这些数据虽然很多,但并不能全面涵盖所有产地的实际情况。其次,种植区(304 万 hm^2)和采摘区(239 万 hm^2)之间还存在数据差距,这反映了茶产业还在通过开发新茶园快速发展。在本项研究中,温室气体排放量仅根据采摘面积进行评估,实际上尚未采摘茶区同样有投入及相应的排放。最后,因为资料缺乏,本研究聚焦于生命周期中的农资生产、茶园种植和加工三个主要阶段,以此支持茶叶产业的环境改善。因此,排除了茶叶的包装、使用和废弃物处理等生命周期下游阶段。然而,这些阶段可能对减轻温室气体排放也很重要。例如,当茶叶被包装成单独的茶袋时,材料的使用量可能会很大,而包装所产生的温室气体排放量可能超过茶叶种植加工导致的温室气体排放(Munasinghe 等,2017; Pelvan 等,2017)。此外,Azapagic 等(2016)发现与喝茶用水相关的温室气体排放也不容忽视,这种排放主要取决于当地消耗的能源类型,并可能因用户的习惯而有所不同。例如,当不必要的大量水被煮沸时,饮茶过程中产生的温室气体排放量会更高。因此,今后还需要做更多的工作。

9.5 生态和经济能够共赢

在过去的 10 年里,中国鼓励扩大茶叶生产,以满足茶叶消费的增长,并为小农提供更多的增加经济收入机会。2018 年,茶园的种植总面积达到 298 万 hm^2,总产量为 262 万 t,占全球茶叶种植面积的 60%和全球产量的 45%。鉴于中国茶叶行业日益重要,本研究首次基于 16 个主要茶叶生产省份数据对温室气体排放和减排潜力进行全国性规模评估。

茶园种植和加工的总温室气体排放量为 2875 万 t CO_2 eq。茶叶生产中的化肥生产、土壤排放和能源消耗是主要影响因素,分别占总排放量的 31.6%、26.7%和 41%。茶园种植园生态系统的碳汇为 2136.7 万 t CO_2,可以抵消 74.3%的温室气体排放量。如果在施肥时采用推荐模式,实现优化施肥、生物质能用作替代能源,温室气体减排潜力为 1666 万 t CO_2 eq,占从摇篮到工厂大门的总排放量的 58%。综上所述,考虑茶园碳汇、广泛采用推荐模式以及能源替代,有可能使茶叶产业成为一个整体的碳汇,为社会创造财富和就业机会。

与茶叶生产和加工相关的温室气体排放近三分之二发生在以下 5 个省份:湖

北、云南、贵州、四川和福建。这5个省以及浙江、安徽、湖南的碳汇和减排潜力均较大。因此，针对这些地区增加实施推荐模式的力度应该予以优先考虑，因为这8个省份中，温室气体减排潜力均超过100万 t CO_2 eq。

本研究还对每公顷采摘区(12.01 t CO_2 eq)和每千克干毛茶(10.76 kg CO_2 eq)的温室气体排放量进行了量化。如果考虑茶园的碳汇，相应的值将分别降至3.08 t CO_2 eq和2.76 kg CO_2 eq。在优化化肥使用，茶叶加工过程中使用生物质代替煤炭等建议采纳后，每公顷采摘区和每千克干毛茶温室气体排放量有可能分别减少5.05 t CO_2 eq和4.53 kg CO_2 eq。与世界其他地区的茶叶生产和加工相比，中国的温室气体排放量相对较高，通过采取改进的做法大幅减少温室气体排放具有很强的现实性。中国茶叶行业的巨大规模意味着，减少温室气体排放的努力可以为中国的气候行动做出虽然较小但仍有实在意义的贡献。

参考文献

陈剑，黄衡芝，王俊，等. 景迈山布朗族传统乔木茶生态系统碳储量研究. 西部林业科学，2013，42：76-80.

陈中督，吴尧，逄晋松，等. 湖南省双季稻生产系统碳效率. 应用生态学报，2015，26(1)：87-92.

成洲，廖茜. 基于PAS2050规范的绿茶生产中碳排放分析. 湖北农业科学，2016，3：608-611.

戴桂金. 茶园温室气体排放的研究. 长沙：湖南农业大学，2011.

狄英杰. 我国制茶能源的利用现状. 茶叶科学，2008(3)：4-9.

贺鼎. 重庆主产茶区化肥农药使用现状及双减对策探讨. 南方农业，2018，12：108-111.

梁龙. 基于LCA的循环农业环境影响评价方法探讨与实证研究. 北京：中国农业大学，2009.

梁龙，谢斌，李明红，等. 基于生态位视角的贵州茶产业发展现状及问题与对策. 贵州农业科学，2020，48：147-152.

李世玉. 中国茶园生态系统碳平衡研究. 杭州：浙江大学，2010.

马立锋，陈红金，单英杰，等. 浙江省绿茶主产区茶园施肥现状及建议. 茶叶科学，2013，33(1)：74-84.

尼姣姣. 贵州湄潭茶叶生产现状调查与优化施肥建议——以中华村为例. 北京：中国农业大学，2018.

倪康，廖万有，伊晓云，等. 我国茶园施肥现状与减施潜力分析. 植物营养与肥料学报，2019，25：421-432.

钱晓华，廖万友，胡荣根，等. 安徽省茶园施肥现状与对策分析. 茶业通报，2015，38(3)：108-113.

阮建云. 中国茶树栽培 40 年. 中国茶叶，2019，7：1-7.

沈星荣，汪秋红，吴洵，等. 充分发挥茶园碳汇功能，促进茶叶低碳生产发展. 中国农学通报，2012，28：254-260.

孙小祥，杨桂山，徐昔保. 太湖流域西部丘陵区茶园生态系统碳通量特征. 生态学杂志，2014，33：2072-2077.

唐劲驰，吴利荣，吴家尧，等. 初投产茶园氮磷钾配比施用与产量、品质的关系研究. 茶叶科学，2011，31：11-16.

田润泉，吕闰强. 配方施肥对茶园土壤养分状况及茶鲜叶产量品质的影响. 茶叶学报，2016，57：149-152.

王峰，陈玉真，尤志明，等. 不同类型茶园土壤温室气体的排放潜势研究. 福建农业学报，2013，28：1291-1297.

王峰，陈玉真，尤志明，等. 茶园土壤氮含量、施氮效应及其 N_2O 排放的研究进展. 福建农业学报，2014，29：1045-1050.

萧自位，王丽娟，毛加梅. 西双版纳不同林茶复合生态系统碳储量. 生态学杂志，2012，31(7)：1617-1625.

张强，崔清梅，王永健，等. 恩施州茶叶加工企业能耗现状及能源替代对策. 中国茶叶，2018，3：48-52.

赵自超. 华北平原优化农作条件下作物生产和温室气体减排研究. 北京：中国农业大学，2017.

中国茶叶学会(CTSS). 中国茶叶统计年鉴. 北京：中国农业出版社，2018.

Azapagic A，Bore J，Cheserek B. The global warming potential of production and consumption of Kenyan tea. J. Clean. Prod.，2016，112：4031-4040.

Biggs E M，Bruce E，Boruff B，et al. Sustainable development and the water-energy-food nexus：A perspective on livelihoods. Environ. Sci. Policy，2015，54：389-397.

Borowski P F. Nexus between water，energy，food and climate change as challenges facing the modern global，european and polish economy. AIMS Geosci.，2020，6：397-421.

Burney J A，Davis S J，Lobell D B. Greenhouse gas mitigation by agricultural intensification. Proc. Natl. Acad. Sci. USA，2010，107：12052-12057.

Canadell J G，Schulze E D. Global potential of biospheric carbon management for climate mitigation. Nature Communications，2014，5：5282.

Chen C F，Lin J Y. Estimating the gross budget of applied nitrogen and phosphorus in tea plantations. Sustain. Environ. Res.，2016，26：124-130.

Chen D，Li Y，Wang C，et al. Dynamics and underlying mechanisms of N2O and NO emissions in response to a transient land-use conversion of Masson pine forest to tea field. Sci. Total Environ.，2019，693：133549.

Cheng K，Yan M，Nayak D，et al. Carbon footprint of crop production in China：An analysis of national statistics data. J. Agric. Sci., 2015, 153: 422-431.

Chen X, Cui Z, Fan M, et al. Producing more grain with lower environmental costs. Nature, 2014, 13609: 486-489.

Cichorowski G, Joa B, Hottenroth H. Scenario analysis of life cycle greenhouse gas emissions of Darjeeling tea. Int. J. Life Cycle Assess., 2015, 20: 426-439.

Crippa M, Solazzo E, Guizzardi D, et al. Food systems are responsible for a third of global anthropogenic GHG emissions. Nat. Food, 2021, 2: 198-209.

Doublet G, Jungbluth N. Life cycle assessment of drink in Darjeeling tea. In Conventional and Organic Darjeeling Tea; ESUservices Ltd.: Uster, Switzerland, 2010.

Fang J, Sureda A, Silva A S, et al. Trends of tea in cardiovascular health and disease: A critical review. Trends Food Sci. Tech., 2019, 88: 385-396.

Gu S S, Hu Q L, Cheng Y Q. Application of organic fertilizer improves microbial community diversity and alters microbial network structure in tea (Camellia sinensis) plantation soils. Soil Till. Res., 2019, 195:104356.

Ji L F, Wu Z D, You Z M. Effects of organic substitution for synthetic N fertilizer on soil bacterial diversity and community composition: A 10-year field trial in a tea plantation. Agric. Ecosyst. Environ., 2018, 268:124-132.

Kamau D M, Spiertz J H J, Oenema O. Carbon and nutrient stocks of tea plantations differing in age, genotype and plant population density. Plant Soil, 2008, 307: 29-39.

Khanali M, Mobli H, Hosseinzadeh-Bandbafha, H. Modeling of yield and environmental impact categories in tea processing units based on artificial neural networks. Environ. Sci. Pollut. Res., 2017, 24: 26324-26340.

Kouchaki-Penchah H, Nabavi-Pelesaraei A, O'Dwyer, J. Environmental management of tea production using joint of life cycle assessment and data envelopment analysis approaches. Environ. Prog. Sustain. Energy, 2017, 36: 1116-1121.

Lal R. Carbon emission from farm operations. Environ. Int., 2004a, 30: 981-990.

Lal R. Soil carbon sequestration impacts on global climate change and food security. Science, 2004b, 304: 1623-1627.

Lin J Y, Hu Y C, Cui S H, et al. Carbon footprints of food production in China (1979-2009). J. Clean. Prod., 2015, 90: 97-103.

Liang L, Ridoutt B G, Wu W, et al. A multi-indicator assessment of peri-urban agricultural production in Beijing, China. Ecol. Indic., 2019, 97: 350-362.

Li S, Wu X, Xue H, et al. Quantifying carbon storage for tea plantations in China. Agric. Ecosyst. Environ., 2011, 141: 390-398.

Maghanga J K, Kituyi J L, Kisinyo P O. Impact of nitrogen fertilizer applications on surface water nitrate levels within a Kenyan tea plantation. J. Chem., 2013: 1-4.

Mehmet E, Piotr B. An optimization study on corn silage mechanization in Ege University Agricultural Research Farm. Tarım Makinaları Bilimi Dergisi, 2014, 10: 87-92.

Meng F Q, Qiao Y H, Wu W L, et al. Environmental impacts and production performances of organic agriculture in China: A monetary valuation. J. Environ. Manage., 2017, 188: 49-57.

Mishra G, Sarkar A. Studying the relationship between total organic carbon and soil carbon pools under different land management systems of Garo hills, Meghalaya. J. Environ. Manage., 2020, 257: 110002.

Munasinghe M, Deraniyagala Y, Dassanayake N. Economic, social and environmental impacts and overall sustainability of the tea sector in Sri Lanka. Sustain. Prod. Consump., 2017, 12: 155-169.

Pelvan E, Özilgen M. Assessment of energy and exergy efficiencies and renewability of black tea, instant tea and ice tea production and waste valorization processes. Sustain. Prod. Consump., 2017, 12: 59-77.

Phukan M, Savapondit D, Hazra A, et al. Algorithmic derivation of CO2 assimilation based on some physiological parameters of tea bushes in North-East India. Ecol. Indic., 2018, 91: 77-83.

Pramanik P, Phukan M. Assimilating atmospheric carbon dioxide in tea gardens of North-east India. J. Environ. Manage., 2020, 256: 109912.

Qiao C L, Xu B, Han Y T. Synthetic nitrogen fertilizers alter the soil chemistry, production and quality of tea. A meta-analysis. Agron. Sustain. Dev., 2018, 38: 10.

Ruan J Y, Ma L, Shi Y. Potassium management in tea plantations: Its uptake by field plants, status in soils, and efficacy on yields and quality of teas in China. J. Plant Nutr. Soil Sci., 2013, 176: 450-459.

Searchinger T D, Wirsenius S, Beringer T. Assessing the efficiency of changes in land use for mitigating climate change. Nature, 2018, 7735: 249-253.

Seufert V, Ramankutty N, Foley J A. Comparing the yields of organic and conventional agriculture. Nature, 2012, 485: 229-232.

Soheili-Fard F, Kouchaki-Penchah H, Raini M G N. Cradle to grave environmental-economic analysis of tea life cycle in Iran. J. Clean. Prod., 2018, 196: 953-960.

Tang X, Zhao X, Bai Y. Carbon pools in China's terrestrial ecosystems: New estimates based on an intensive field survey. Proc. Natl. Acad. Sci. USA, 2018, 115: 4021-4026.

Taulo J L, Sebitosi A B. Material and energy flow analysis of the Malawian tea industry. Renew. Sust. Energy Rev., 2016, 56: 1337-1350.

Venkatesan S, Ganapathy M. Impact of nitrogen and potassium fertilizer application on quality of CTC teas. Food Chem., 2004, 84: 325-328.

Vidanagama J, Lokupitiya E. Energy usage and greenhouse gas emissions associated with tea and rubber manufacturing processes in Sri Lanka. Environ. Dev., 2018, 26:43-54.

Wang R, Shi X G, Wei Y Z. Yield and quality responses of citrus (Citrus reticulate) and tea (Podocarpus fleuryi Hickel.) to compound fertilizers. J. Zhejiang Univ. SCIENCE B., 2006, 7: 696-701.

Wang W, Guo L P, Li Y C, et al. Greenhouse gas intensity of three main crops and implications for low-carbon agriculture in China. Climatic Change, 2015, 128: 57-70.

Wijeratne T, de Costa J, Wijeratne M A. Carbon sequestration potential of tea plantations in Sri Lanka as an option for mitigating climate change; a step towards a greener economy. In: Fifth Symposium on Plantation Crop Research (Colombo, Sri Lanka), 2014.

Xu Q, Hu K L, Wang X L, et al. Carbon footprint and primary energy demand of organic tea in China using a life cycle assessment approach. J. Clean. Prod., 2019, 233: 782-792.

Xu X, Lan Y. A comparative study on carbon footprints between plant-and animal-based foods in China. J. Clean. Prod., 2016, 112: 2581-2592.

Yang X D, Ni K, Shi Y Z. Effects of long-term nitrogen application on soil acidification and solution chemistry of a tea plantation in China. Agric. Ecosyst. Environ., 2018, 252: 74-82.

Yao Z, Huo H, Zhang Q, et al. Gaseous and particulate emissions from rural vehicles in China. Atmos. Environ., 2011, 45: 3055-3061.

Yao Z, Zheng X, Liu C, et al. Stand age amplifies greenhouse gas and NO releases following conversion of rice paddy to tea plantations in subtropical China. Agric. Forest Meteorol., 2018, 248: 386-396.

Zeng X, Lu H, Campbell D E, et al. Integrated emergy and economic evaluation of tea production chains in Anxi, China. Ecolo. Engin., 2013, 60: 354-362.

Zhang H, Qi R, Mine Y. The impact of oolong and black tea polyphenols on human health. Food Biosci., 2019, 29: 55-61.

Zhang M, Chen Y G, Fan D M, et al. Temporal evolution of carbon storage in Chinese tea plantations from 1950 to 2010. Pedosphere, 2017, 27: 121-128.

Zhang Y, Zhao W, Zhang J. N_2O production pathways relate to land use type in acidic soils in subtropical China. J. Soils Sediments, 2016, 17: 1-9.

Zhu T, Zhang J, Meng T. Tea plantation destroys soil retention of NO_3^- and increases N_2O emissions in subtropical China. Soil Biol. Biochem., 2014, 73: 106-114.